KB123183

나다운 집 찾기

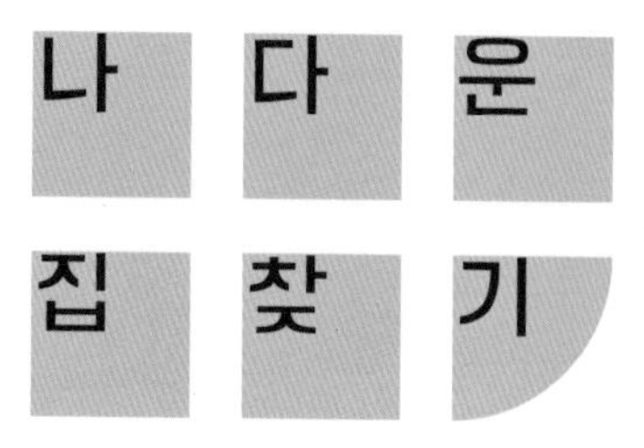

나다운 집찾기

별집 부동산과 함께 키우는
공간 감수성

전명희 지음

piper
press

목차

Part 2. 좋은 집이란?

Part 3. 나의 집 이야기

0

별집 부동산:
투자 가치보다
공간의 매력을 찾습니다

부동산이지만, 투자 조언은 안 합니다

평일 오전 9시면 부동산 별집의 하루가 시작됩니다. 정성스럽게 핸드드립 커피 한 잔을 내리고, 책상에 앉아 노트북의 전원 버튼을 눌러요. 밤 사이 도착한 문의, 방문 신청, 중개 의뢰 등을 살펴보고 답변을 보냅니다. 영업시간은 오전 10시부터지만, 영업이 시작되기 전에 답변을 예약 발송해 둬야 해서 아침 시간은 늘 분주해요. 오픈 시간 이후에는 외부 일정이 잦아서 책상에 진득히 앉아 있을 시간이 별로 없거든요. 일반적인 부동산과 비슷해 보이는 루틴이지만, 한 가지 다른 점이 있습니다. 바로 제가 있는 장소가 사무실이 아니라 '집'이라는 점.

'부동산 사무실' 하면 항상 누군가가 상주하고 있는 공간을 떠올리실 거예요. 그런데 별집 사무실은 불이 켜진 날보다 꺼진 날이 더 많습니다. 온라인 기반의 부동산이기 때문이에요. 매물도 여러 곳에 흩어져 있습니다. 서울의 종로구, 관악구, 서초구부터 경기도 화성시와 양평군, 강원도 강릉시, 충남 예산군 그리고 제주도까지. 전국에 매물이 있다 보니 이동 시간을 줄이기 위해 장소에 구애받지 않고 일해요. 매물 상담은 온라인으로, 계약은 매물 주변의 카페에서 진행합니다.

운영 방식에도 차이가 있어요. 보통 부동산에 희망하는

연희동 '연희공단'

매매/임대 조건을 이야기하면 공인중개사가 적합한 매물을 추려 보여주는데, 별집은 운영 특성상 손님의 희망 조건에 맞는 매물을 개별적으로 찾아드리지 않아요. 중개하는 매물을 모두 웹사이트에 상세히 업로드하고 있기도 하지만 별집이 생각하는 매력적인 공간을 발굴하고 확보하는 데 전력을 쏟기 위해 이런 방식을 택했어요.

이렇게 조금 '다른' 부동산을 운영하는 이유는 별집의 사명 때문입니다. "모든 사람이 잠재되어 있는 감각을 일깨우는 즐거운 공간을 만날 수 있도록 돕는다." 비장함마저 느껴지는 이 사명을 실현하기 위해 기존 부동산과는 다른 방식을 만들었어요.

들어오는 매물을 모두 중개하는 것이 아니라, 별집의 기준에 맞는 공간만 소개해요. 소개하는 매물은 직접 사진을 찍고, 글을 써서 공간의 매력을 전달합니다. 이런 수고를 마다하지 않는 이유 역시 별집의 목표를 위해서입니다. 나에게 맞는 즐거운 공간이 어떤 곳인지 알려면 다양한 공간 경험이 필요해요. 별집에 올라온 매물들은 새로운 공간 경험을 위한 다양한 선택지라고 할 수 있습니다.

저는 건축을 전공했어요. 부동산 쪽에 관심이 전혀 없던 사람이라 지금도 가끔 이 일을 하고 있다는 게 신기합니다. 처음 부동산을 해보겠다고 주변에 이야기했을 땐 모두 놀랐어요. 제가 왜 이런 선택을 하는지 이해하지 못했고요. 대학원까지 보내놨더니 갑자기 부동산을 하겠다는 딸 때문에 부모님이 속상해하실까 봐 공인중개사 자격증 공부도 몰래 했을 정도였습니다.

공인중개사가 되고 나니 주변에서 제게 부동산 투자 조언을 구하거나, 아파트 청약에 대해 심심치 않게 물어와요. 우리나라에서는 '부동산 = 투자'라는 이미지가 너무 확고하니까요. 하지만 안타깝게도 저는 부동산 투자에 대해 조언해 줄 수 있는 사람은 아닙니다. 투자보다는 다양한 공간 경험, 취향에 맞는 공간이라는 관점으로 부동산에 접근하고 있어요.

잘 만들어진 공간을 잘 사용해 줄 사람에게

조금 다른 관점에서 부동산에 접근하게 된 건 전공이었던 건축과 저 자신, 그리고 사회에 대해 고민한 결과였어요. 대학원 졸업 후 무슨 일을 해야 할지 몰라 방황하던 시기에 우연한 기회로 한 간담회에서 '도쿄R부동산'을 만나게 됐습니다. 도쿄R부동산은 20년 넘게 독자적인 관점과 가치관으로 부동산을 발굴해 소개하고 있는 온라인 기반의 일본 부동산 회사에요. 일명 부동산 편집숍으로 잘 알려져 있습니다. 도시에 매력과 재미를 더하는 장소를 만들고자 건축과 출신 세 명이 의기투합해 회사를 설립했어요.

평소 건축과 부동산은 별개의 분야라고 생각하고 있던 저에게 도쿄R부동산의 사업 모델은 충격 그 자체였습니다. 건축과를 졸업하면 설계사무소나 시공 회사에 들어가서 건물을 디자인하고 짓는 게 전부라 생각했는데, 부동산에 가면 건물을 유통하는 일을 할 수 있었던 거죠. 처음에는 '건축을 전공한 사람들 중에서도 이런 재미난 일을 하는 사람들이 있구나. 멋지다'라고만 생각했어요. 그런데 귀벌레 증후군처럼 몇 달이 흘러도 도쿄R부동산이 머릿속에서 지워지지 않는 거예요. 심장이 두근거리고 가슴 깊은 곳에서 스멀스멀 무언가 올라오는 게 느껴졌습니다. 생각해 보니 부동산 중개업이 직업을 구할 때 만들어둔 제 기준에도 부합하는 일이었어요.

① 건축의 영역인가

: 건축이 좋아 건축과에 갔는데 그렇다고 모두가 건축가가 될 수 있는 건 아니었어요. 설계에 재능이 없다는 걸 일찌감치 깨달았지만 건축과 관련된 일을 업으로 삼고 싶었습니다. 그래서 '건축가는 건물을 짓는 사람이 아니라 건축에 대해 늘 생각하는 사람'이라고 나름의 정의를 내렸어요. 어찌 보면 잘 만들어진 공간을 잘 사용해 줄 누군가에게 연결하는 일은 건축의 대미를 장식하는 일이라는 생각이 들었습니다.

② 비즈니스가 가능한가

: 마음이 끌리는 일, 하고 싶은 일을 하라는 이야기 많이 들어보셨을 거예요. 저도 그 말에 전적으로 동의합니다. 그런데 이때 간과해서는 안 되는 체크 포인트가 있습니다. 바로 비즈니스가 가능한 일인지를 따져보는 것. 내가 하고 싶은 일을 오래, 잘 하기 위해서는 수익이 발생해야 합니다. 즉 돈이 되는 일이어야 해요. 경제적으로 자립할 수 있어야 지속적으로 사업을 운영해 나갈 수 있습니다. 기존에 없던 형태의 부동산이라 도전의 영역이었지만 따져보니 혼자 먹고 사는 데 지장이 없을 정도는 벌 수 있겠다는 판단이 서더군요. 서울에 거주하는 인구가 대략 940만 명인데 그중 1%가 별집을 알고 다시 그중 1%가 거래하는 고객이 되면 문제가 없다는 계산이 나왔어요.

③ 사회에 영향력을 끼치는가

: 나만 잘사는 게 아니라 제가 하는 일이 작게나마 사회에 선한 영향을 미쳤으면 좋겠다는 생각을 갖고 있어요. 그게 도시와 건축 발전에 보탬이 되는 일이라면 더할 나위 없고요. 별집을 통해 다양한 공간을 경험한 사람들이 "나는 이런 집이 좋고, 앞으로 이런 집에서 살아보고 싶어. 일하는 공간은 이랬으면 좋겠어"라며 공간에 관심을 기울이기 시작하면,

그 관심이 건축과 도시로까지 이어지지 않을까, 그러면 매력적인 공간들이 점점 늘어나지 않을까, 그래서 살기 좋은 도시를 만드는 데 조금이라도 기여할 수 있지 않을까 하는 그림이 그려졌습니다.

위 세 가지 기준에 맞아떨어지는 일을 드디어 찾았다는 기쁨에 2014년 2월 비행기를 타고 일본으로 향했습니다. 도쿄R부동산을 다시 만나기 위해서요! 페이스북 메시지로 하야시 아쓰미 대표에게 미팅을 요청했는데 감사하게도 흔쾌히 응해줬어요. 짧은 만남이었지만 그의 조언대로 한국으로 돌아오자마자 공인중개사 자격증을 취득하고 2년 정도 일반 부동산 시장에서 실무를 경험했습니다. 버티기 힘들었지만 한편으로는 소중한 시간이었어요. 실무를 터득하는 과정에서 제가 미처 알아차리지 못한 시장의 문제점들을 파악할 수 있었고, 하려는 일의 방향과 필요성이 더 명확해졌거든요.

우리나라에서 부동산은 주식과 함께 대표적인 재테크 수단입니다. 이번에 어디 아파트가 얼마 올랐다더라, 지인이 부동산으로 얼마를 벌었다더라, 앞으로는 어느 지역 전망이 좋다더라 등 어느 모임 할 거 없이 만나면 부동산 이야기로 시작해 주식 이야기로 끝나죠. 그런데 모두가 다 부동산 투자에 관심이 있는 건 아니랍니다. 한편엔 이런 이야기에 지친 사람들이 있어요. 시세 차익보다는 거주성 자체가 더 중요한 사람들입니다. 누구나 집값이 오르면 좋아하겠지만, 이들은 집을 구할 때 추후에 얼마에 매도할 수 있을지보다는 사는 동안 즐겁게 지낼 수 있는가를 더 중요하게 생각합니다.

하지만 대다수의 부동산은 투자 목적의 매물을 찾는 손님에만 초점이 맞춰져 있어요. 스스로가 부동산 투자에 별로 관심이 없기도 하고, 이미 투자 쪽 전문가가 넘쳐나는 시장에 뛰어들고 싶지 않았어요. 타깃을 좁혀 그간 우리나라 부동산 시장에서 소외되었던 사람들을 위한 부동산을 만들기로 했습니다. 우리의 취향을 좋아하고 우리의 생각에 공감하는 사람들이 어딘가에 분명 존재하며, 그 수가 적지 않을 거란 강한 확신이 있었거든요.

의외의 공간을 찾는 법

별집은 건축가가 만든 집에 주목해요. '집장사'가 만든 집과 건축가가 만든 집에는 분명 다른 점이 있습니다. 집장사는 사업성을 최우선으로 고려한다면, 건축가는 사용자를 중심에 두고 주변 맥락을 살펴 공간을 설계합니다. 잘 팔리게 만든 획일화된 공간이 아닌, 조금이라도 다르고 의외성이 느껴지는 공간을 찾기 위해 건축가가 설계한 집과 건물에 주목하고 있어요.

흔히 건축가가 설계한 집이라고 하면 기업 총수의 대저

택이나 예술가의 집처럼 굉장히 특이한 공간을 떠올리시는데요, 시장성과 특색을 고루 갖춘 집도 많습니다. 특히 상가주택이라고 부르는 수익형 부동산은 시장성을 충분히 갖춰 설계해야 하거든요. 차별성은 물론이고요.

특색 있는 매물을 확보하려면 건축가의 작업을 지속적으로 팔로업하고 관계를 만들어 나가야 해요. 로컬 부동산은 집주인들이 먼저 부동산을 찾아와 매물을 내놓지만, 별집은 매물을 확보하기 위해 두 단계를 더 거칩니다. 먼저 건축가에게 별집의 셀링 포인트를 잘 어필해요. 그렇게 건축가와의 접점이 만들어지고 나면 건축주(집주인)를 설득해 최종적으로 매물을 확보합니다. 물론 건축주가 본인의 건물 중개를 직접 별집에 의뢰하기도 해요.

별집은 매물을 소비자에게 보여주는 일을 '큐레이션'이라고 생각하고 있어요. 획일적이지 않고, 특색 있는 공간이라는 명확한 기준을 가지고 매물을 고르기 때문입니다. 모두 직접 사진을 찍고 소개글을 써서 웹사이트에 업로드하기 때문에 매력적인 '한 방kick'이 있는 곳만 매물로 확보하고 있어요. 특색이 없어 소개 글을 쓰는 게 고역일 것 같은 곳은 중개하지 않습니다. 한편 이런 기준에 맞는 곳이라면, 지역에 상관 없이 매물을 중개합니다.

별집은 온라인을 기반으로 활동해요. 다른 부동산이 매

물을 받는 기준이 지역이라면, 별집은 '공간의 매력'이기 때문에 매물이 전국에 흩어져 있고, 그래서 온라인의 접근성이 더 좋다고 판단했어요. 비대면 영업 방식으로 초기 부동산 접촉 과정에서 발생할 수 있는 어색함이나 불편함 등의 스트레스를 줄일 수 있었습니다. 무엇보다 전 재산이나 다름없는 큰돈이 오가는 시장인 만큼 온라인상에 충분한 정보를 제공해 정보의 비대칭성을 조금이나마 해소하고 싶었어요.

매물을 소개할 땐 정량적 정보뿐만 아니라 정성적 정보도 함께 제공합니다. 공간의 매력을 면적, 사용승인일 같은 숫자로만 전달하는 데는 한계가 있어요. 소개글을 덧붙여 제가 그 공간에서 느낀 감정과 분위기, 눈여겨보면 좋은 특색들을 공간의 시퀀스에 따라 소개합니다. 읽는 사람이 마치 공간에 직접 들어서서 둘러보는 느낌이 들도록 써요. 현장을 방문하기 전에 미리 공간과 교감을 나눌 수 있도록 돕기 위해서입니다. 누군가는 매물 소개글을 한 편의 에세이에 비유하기도 하고, 다른 누군가는 쉬운 언어로 쓰인 건축 잡지 같다고도 하더군요. 소개글을 작성하는 데 생각보다 많은 시간과 품이 들어가기에 이런 반응들이 참 고맙게 느껴져요.

사진 촬영에도 많은 애정을 쏟고 있어요. 장마철이 아닌 이상 일기예보를 확인해 해가 쨍쨍한 날로 촬영 일자를 잡습니다. 일기예보가 빗나가면 촬영 일정 변경도 마다하지 않아요. 아무리 작은 원룸이라 해도 사진 촬영이 5분, 10분 만에 끝나는 경우는 없습니다. 촬영에 꽤 오랜 시간을 투자하는 편이에요. 사진 작가처럼 멋진 사진을 찍기 위해서가 아니라, 잠시라도 그 공간을 오롯이 경험하기 위해 의도적으로 머무는 시간을 늘리는 겁니다. 그래야 돌아가서도 그 매물을 생생하게 소개할 수 있어요.

또, 정직한 시선으로 공간을 소개한다는 원칙을 지키기 위해 사진을 촬영할 때 가급적 광각 렌즈를 사용하지 않습니다. 공간이 너무 작거나 커서 구조가 한눈에 파악되지 않을 때만 광각 렌즈로 촬영하고 있어요. 실제와 사진의 괴리감이 클수록 실물을 마주했을 때의 실망감도 커지기 마련이니까요. 단편적으로 나열된 사진만으로는 집 구조를 파악하기 쉽지 않기 때문에 도면도 같이 제공합니다. 2D든 3D든 도면을 보는 연습을 계속하다 보면 공간을 좀 더 명료하게 파악할 수 있거든요.

성남시 분당구 운중동 '살구나무집'

서울 송파구 송파동 '그리드149'

Part 1.

별집이 찾은 특별한 집

: 남향, 신축, 역세권 …
전형적인 조건을 벗어난 '다른' 집들

1

채광보다 중요한 것:
동숭동 '조은사랑채',
면목동 '클로버'

'좋은 집'의 조건 다시 보기

큐레이션 부동산을 운영하면서 잠깐 살다 가더라도 조금은 다른 집을 경험해 보고자 하는 사람들의 수가 늘고 있음을 실감하는 요즘입니다. 그런데 막상 집을 구할 때가 되면, 정형화된 '좋은 집'의 조건에서 크게 벗어나지 못하는 것 같아요. 사람들이 자신의 예산 안에서 고려하는 집의 조건은 대동소이해요. 집의 방향(채광), 층, 면적, 방음, 단열, 전망, 지하철역과의 거리, 노후 연도, 주차 가능 여부 등입니다.

빛이 잘 드는 남향이면서 층은 2층 이상이어야 하고, 지하철역에서 도보 10분 이내이면서 답답하지 않은 전망을 가진 집을 원해요. 입을 맞춘 듯 어째 원하는 집의 조건이 하나같이 비슷합니다. 한 번쯤은 이 조건들이 어디서 비롯됐는지 곰곰이 생각해 봤으면 좋겠어요. 자신의 생활 방식이나 주거 공간에 대한 취향을 반영하지 않은 채, 다른 사람들이 생각하는 좋은 집의 기준을 본인도 원한다고 착각하고 있는 건 아닌지 말이죠.

2000년대 들어서부터 3베이, 4베이 구조가 아파트의 주력 평면으로 자리 잡았어요. 베이bay란 전면 발코니를 기준으로 건물의 기둥과 기둥 사이 공간 중 햇빛이 들어오는 공간을 말하는데, 4베이 구조의 경우 빛이 잘 들어오는 향에 거실과 세 개의 방을 모두 배치시켜요. 잠잘 때만 방에 들어가고 낮 시간의 대부분을 거실과 주방, 다이닝실에서 보내는 사람에게는 아쉬울 수밖에 없는 구조입니다. 하지만 다수가 좋아하는 구조라는 그럴듯한 핑계로 공급자는 평면 개발에 소극적이에요. 그러니 우리가 스스로를 공간에 끼워 맞추는 상황이 수십 년째 지속되고 있어요.

지금처럼 의문을 갖지 않고 주어진 공간에 적응하고 살아간다면 미래에 우리는 어떤 집에서 살게 될까요? 이윤을 남겨야 하는 공급자는 이렇게 생각할 거예요. '우리나라 사람들은 아파트 구조를 정말 좋아하는구나. 그럼 앞으로 이런 구조의 집을 더 많이 만들어 팔아야겠다.' 그렇게 아파트, 단독주택 할 것 없이 판박이 같은 공간들이 마구 양산되면, 우리는 어느 지역을 가든 계속 똑같은 공간을 맞닥뜨리게 될지도 몰라요. 복제의 굴레에서 영원히 벗어나지 못하는 영화 『비바리움』 속 두 주인공처럼요.

이제는 삶의 모양에 따라 집을 고르는 기준이 달라져야 합니다. 세상의 평균에서 벗어나 내 마음이 향하는 방향을 알아차리는 데 집중해 보세요. 자기답게 살기 위해 어떤 관점으로 집을 선택해야 할지, 집의 조건들을 새롭게 바라보면서 자기만의 고유한 필터를 장착할 수 있도록 별집에서 중개한 독특한 집과 손님이 어떻게 만났는지 들려드릴게요.

동숭동 '조은사랑채': 채광보다 녹색 뷰

별집 웹사이트에 업로드하면 바로 방문 신청이 쇄도하는 매물들이 있는데요, 대표적인 매물이 동숭동에 위치한 '조은사랑채'에요. 낙산 바로 아래 위치한 다세대주택으로 평화로운 분위기를 물씬 풍기는 순백색의 집입니다. 건물은 하얀색 옷을 입고 있지만 초록의 향이 날 것 같은 곳이기도 해요. 혜화역과 그리 멀지 않음에도 활기 넘치는 역 주변 분위기와 달리 '조은사랑채' 건물 주변은 항상 느긋하면서도 평온한 공기가 가득합니다.

가죽이 덧대진 공동 현관문의 손잡이를 살짝 밀면 문이 부드럽게 열리면서 현관홀이 나타나요. 현관홀에 들어서면 천창을 투과한 빛이 만들어내는 아늑한 분위기가 집에 왔음을 실감케 합니다. 이 건물에 총 8세대가 살고 있는데 주인세대를 제외한 6세대는 임대주택이에요. 자연을 있는 그대로 담아온 듯한 코너창을 가진 집, 공용 마당으로 연결되는 특별한 문을 가진 집, 복층 구조의 집 등 각 세대는 조금씩 다른 모습을 하고 있습니다.

조용하면서도 녹색에 둘러싸인 집을 도심에서 경험하는 게 여간 쉽지 않아서인지 이 집을 기다리는 손님들이 많아요. 그런데 한 번 계약하면 연장해서 사는 경우가 많아서 아쉽게도(?) 매물로 잘 나오지 않아요. 복층 구조에 살고 있는

서울 종로구 동숭동 '조은사랑채'

경선 님도 그런 케이스인데요. 도시건축 분야의 문화 기획 업무를 하는 경선 님은 이 집에 안착하기 전 노마드 생활을 하셨던 독특한 경험을 가진 분이에요. 다양한 구조의 집을 경험해 보겠다는 생각으로 반 년 넘게 다양한 집을 옮겨다니며 사는 모험을 하셨어요. 주로 에어비앤비를 활용했는데 어느 날 통장을 보니 '텅장'이 되어 있더래요. 슬슬 정착할 곳을 알아봐야 하나 고민하던 중 별집이 소개한 조은사랑채를 발견하게 됐고, 이 집을 눈으로 직접 확인한 뒤 노마드 생활을 정리했습니다.

집에서 재택근무를 하시는데 공간을 분리해 사용할 수 있는 복층 구조란 점을 특히 좋아하셨어요. 대문 디자인과 널찍하게 오픈된 공용 공간도 인상적으로 보셨고요. 경선 님이 지내는 복층 집은 2층 거실에 남향창이 있어요. 그런데 인접한 건물 때문에 빛이 생각만큼 들지 않아서 환경은 북향집에 가까워요. 본래 북향집에서 살아본 경험이 많기도 하고 북향을 좋아해서 처음부터 향은 전혀 문제 되지 않았다는 경선 님. 너무 밝지도 너무 어둡지도 않은 차분한 조도 덕분에 재택근무할 때 오히려 도움이 된다고 이야기하시더군요. 지난번에 계약을 연장할 때는 저에게 이런 이야기도 하셨어요.

"제가 이 집이 좋긴 좋은가 봐요. 이 집에 살면서 지금껏 보지 못한 다양한 벌레들을 만나고 있는데 계속 살고 싶은 걸 보면요."

집이 산 바로 아래 지어지다 보니 산벌레가 종종 출몰하는데, 벌레를 싫어하는 대부분의 사람들은 벌레의 벌 자만 들어도 기겁을 하고 이 집을 보지 않을 거예요. 남향이라고 하기엔 빈약한 채광도 어떤 사람에게는 단점이 될 특징이고요. 그런데 그 점을 상쇄할 만한 충분한 매력을 몸소 체험한 경선 님은 지금 누구보다 그 집에서 잘 지내고 있습니다.

편견이 눈을 가릴 때

채광은 우리가 집을 볼 때 중요하게 생각하는 요소입니다. 우리나라 사람에게 집을 선택하라고 하면 99% 정남향 또는 남향이 낀 집을 선택할 거예요. 나머지 1% 중에서도 북향을 선택하는 사람은 극소수이지 않을까 싶어요. 한국에서 집에 북향이 조금이라도 끼면 그 집은 부지불식간에 최악의 향을 가진 집이 돼버리니까요.

북향집 하면 떠오르는 잊으려야 잊을 수 없는 에피소드가 하나 있어요. 연남동 '고깔집' 건물에 북향 원룸이 매물로 나왔을 때였어요. 워낙 인기가 많은 곳이라 웹사이트에 매물을 업로드한지 얼마 안 돼서 한 손님에게서 연락이 왔습니다. 통화해 보니 앳된 목소리의 대학생이었어요. 약속 시간에 맞춰 건물 앞에서 손님을 기다리고 있었는데 길이 막혀 조금 늦을 것 같다는 연락을 받았어요. 1월 말이라 꽤 쌀쌀한 날이었는데 조금이란 시간은 어느덧 20분이 넘어가고 있었습니다. 발끝에 감각이 없어질 때쯤 외제차 한 대가 골목으로 진입하는 게 보였고 이윽고 차에서 어머니와 딸로 짐작되는 손님이 내렸어요. 늦어서 미안한 기색도 없이 제 인사를 받는 둥 마는 둥 하던 어머니는 집으로 향하는 길에 창이 난 방향을 물으시더군요. "북동향과 북서향으로 창이 두 개 나 있어요"라고 답변드리자 어머니의 표정이 급격하게 굳어지는 게 느껴졌어요. 집에 대한 아무런 정보 없이 딸이 보고 싶은 집이 있다고 해서 함께 오신 듯했습니다.

현관문을 열자마자 신이 난 딸은 방을 둘러보느라 정신이 없었어요. 그런데 어머니가 복도에 우두커니 서계시기만 하는 거예요. 기왕 멀리서 오셨으니 들어가서 보시라 해도 못마땅한 얼굴로 끝내 현관 문턱을 넘지 않으셨어요. 그렇게 다른 집을 더 둘러봐야 한다며 떠난 손님은 한 시간 뒤 다시 연락을 해왔어요. 다른 집을 다 둘러봤는데 딸이 그 집을 제일 맘에 들어 한다, 그런데 나는 아까 못 봤으니 다시 보여달라는 내용이었어요. 가는 데만 차로 최소 40분은 넘게 걸리는 그 길을 또 가야 하는 상황에 한숨이 절로 나왔습니다. 그래서 결국 어떻게 됐냐고요? 그날 손님에게 집을 다시 보여드렸고 계약까지 무사히 잘 마무리했습니다.

연남동 '고깔집'의 북향 원룸

연남동 '고깔집'은 단정한 외관에 어딘지 이국적인 느낌이 풍기는, 건축가가 설계한 다세대주택이예요. 당시 어머니와 딸이 보셨던 원룸은 북동향과 북서향 창이 나 있었어요. 북서향 방향에는 발코니가 있어 원룸이지만 작은 여유를 느낄 수 있고, 화장실도 넓은 편에 환기창이 테라스 쪽으로 나 있어 마음껏 열어둘 수 있는, 세심한 배려가 있는 집이었습니다. 라이프스타일에 따라 채광보다 다른 요소가 더 매력적일 수 있는 집인 거죠.

물론 그때 어머니가 북향집에 대한 선입견을 깨고 처음부터 집을 봤다면 덜 고생스러웠겠지만, 사실 한국 기후 특성상 우리나라 사람들이 남향을 선호하는 건 합리적인 선택으로 보여요. 남향은 딱히 단점이 없는 향이거든요. 하지만 경우에 따라서 의미 없는 향이 될 수 있음을 기억하셨으면 좋겠습니다.

정남향 창으로 쏟아지는 빛과 청룡산이 시원하게 내다보이는 전망에 반해 집을 계약한 프로그램 개발자가 있었어요. 그런데 모니터의 눈부심 때문에 하루 종일 창문을 암막 커튼으로 가리고 지내는 게 아니겠어요? 비용을 떠나 그 집의 매력을 제대로 누리지 못하는 것 같아 개인적으로 속상했던 기억이 있습니다. 이렇듯 각각의 방향마다 일장일단이 있기에 개인의 생활 패턴을 고려해 향을 선택해야 해요. '무조건 남향'을 외치는 게 아니라요.

다양한 방향 집의 매력

한국인이 남향 다음으로 선호하는 방향은 동향입니다. 아침 햇살의 기운을 받으며 하루를 일찍 시작하고자 하는 사람에게 추천하는 향이에요. 아침에 일어나 가벼운 식사든 커피 한 잔이든 밝은 테이블에서 먹는다면 하루를 산뜻하게 시작할 수 있어요. 대신 동향집은 오후에 빛이 들지 않아 겨울에는 다소 어둡고 춥게 느껴질 수 있어요.

반대로 서향은 오후에 주로 활동하는 사람에게 잘 맞는 향입니다. 석양을 감상할 수 있는 서향은 오후 늦게까지 빛이 들어오므로 추위를 많이 타는 사람에게 좀 더 적합해요. 반면 가구를 애지중지하는 성향이라면 가구를 놓을 때 남향과 서향은 피하는 게 좋습니다. 오랜 시간 직사광선에 노출되면 가구의 색이 바래고 건조해져 원목이 갈라질 수 있어요.

가장 기피하는 향인 북향에도 우리가 생각지 못한 여러 장점이 있습니다. 북향집 하면 어두컴컴한 이미지를 떠올리는데 북향은 우리 생각처럼 깜깜한 향이 아니에요. 온종일 균일한 조도가 유지되는 향입니다. 집중력을 필요로 하는 작업이나 독서, 영화 감상 등을 위한 공간으로 안성맞춤이죠. 또한 직사광선을 피할 수 있기 때문에 여름을 보다 시원하게 보낼 수 있고, 가구와 바닥재, 벽지, 책 등이 변색되는 것을 방지할 수 있어요. 우리나라의 단독주택은 대개 정원이 남쪽에 배치되어 있는데, 꽃과 나무를 감상하기 가장 좋은 향도 사실 북향이랍니다. 해를 향해 움직이는 해바라기처럼 식물의 잎이나 줄기, 꽃은 햇빛이 강한 쪽을 향하는 성질이 있기 때문이에요.

역광인 남향과 달리 북향은 눈부심이 적어 깨끗한 파란 하늘을 더욱 잘 감상할 수 있다는 포인트도 있어요. 거실창 너머로 용마산과 아차산의 능선이 시원하게 펼쳐지는 집을 계약한 손님은 북향집의 매력을 제대로 간파한 분이었어요. 유튜브 채널에 영상을 올리고 계셨는데, 사계절 내내 지루할 틈 없는 창밖 풍경을 배경 삼아 영상(브이로그)을 촬영하기 더없이 좋은 조건의 집이라 선택하지 않을 이유가 없었다고 해요. 이 손님도 집을 보기 전에는 거실이 북향이라고 해서 어두우면 어쩌나 내심 걱정을 하셨다는데요, 의외로 환해서 지금은 거실창 앞에 큰 테이블을 두고 불을 켜지 않은 채 재택근무를 즐기고 있습니다.

북향은 어두울 거란 이미지 외에도 빨래가 잘 마르지 않고 겨울에 추워서 결로가 발생하기 쉬운 향이라는 이미지도 강해요. 이런 단점들은 설비나 인테리어로 충분히 메꿀 수 있습니다. 요즘은 집의 방향과 상관없이 미세먼지 때문에 빨래를 자연 건조하기보다 건조기로 말리는 가정이 많아요. 북향집도 건조기를 둔다면 빨래 걱정을 덜 수 있을 거예요. 추위와 결로로 인한 곰팡이 문제는 단열과 통풍이 주된 원인이니 성능 좋은 단열재와 창호로 기밀하게 시공하면 실내외 온도 차가 줄어 결로 발생 확률을 크게 낮출 수 있어요.

저는 임차한 집 벽에 누수와 곰팡이가 생겨서 고생한 경험이 있는데요, 제가 쓰던 방은 의외로 해가 정말 잘 드는 정남향 방이었어요. 그런데도 곰팡이가 방을 점점 장악해 나가는 걸 보고 빛이 만능 해결사가 아니라는 사실을 깨달았습니다. 곰팡이를 막기 위해서는 적절한 환기가 필요한데 환기할 때는 공기가 들어오고 나갈 수 있도록 창을 2개 이상 열어 습한 기운을 내보내면 됩니다. 집에 아무리 큰 창이 있어도 하나만 열어 두면 공기의 흐름이 생기지 않아 습도를 낮추기 어려워요.

면목동 '클로버': 빛을 기다리고, 빛이 기다려주는 집

별집을 통해 집을 구한 손님들이 종종 집으로 초대해 주시는 경우가 있습니다. 감사하게도 새로운 집에서 어떻게 지내고 있는지, 새롭게 발견한 집의 특징은 무엇인지, 집 주변에 가볼 만한 곳은 어디인지 등 다양한 소식을 업데이트해 주세요. SNS로 소식을 나누기도 하고요.

면목동 '클로버' 원룸.
주방에 남향 창이 나 있고,
바닥에 낮게 깔린 창은 동향이다.

침실에는 북향 창이 나 있다.

한 손님은 결혼을 하면서 신혼집을 구해 이사를 나가셨는데 그전까지 거주하던 서울 중랑구 면목동 '클로버'에 대한 에피소드를 SNS에 꾸준히 기록해 주셨어요. 마케터로 일하는 유정 님입니다. 집을 만나게 된 과정부터 떠나는 소회까지 자세히 기록되어 있는 유정 님의 SNS를 보며 가슴이 여러 번 뭉클했습니다. '클로버'는 정형화된 원룸 구조를 거부하고 채광과 전망이 가장 좋은 곳에 주방을, 북쪽에 침실을 배치시킨 집이에요. 오피스텔의 원룸을 떠올려 보면 언뜻 이해가 가지 않는 구조일 거예요.

그런데 유정 님은 이 구조가 맘에 쏙 들었다고 해요. 예전에 살던 원룸에서는 눈이 부셔 아침에 강제 기상을 해야 했는데, 이곳에선 주말에 알람을 맞추지 않아도 너무 빠르지도, 너무 늦지도 않은 딱 적당한 시간에 눈이 떠지더래요. 은은함과 부드러움을 잔뜩 머금은 북쪽의 빛 덕분에 새로운 주말을 경험하게 된 거죠. 북쪽의 빛에 대해 좋은 기억을 갖고 떠난 유정 님에게 누군가 북향집에 대해 묻는다면 긍정적인 단어들을 먼저 나열할지도 모르겠습니다. 은은함, 부드러움, 평화로움, 고요함 같은 단어들을요.

요코야마 히데오横山秀夫가 쓴 일본 소설 『빛의 현관』은 북쪽의 빛을 이렇게 표현하고 있어요.

"떠돌던 건설 현장의 숙소에는 희한하게도 북쪽 벽에 큰

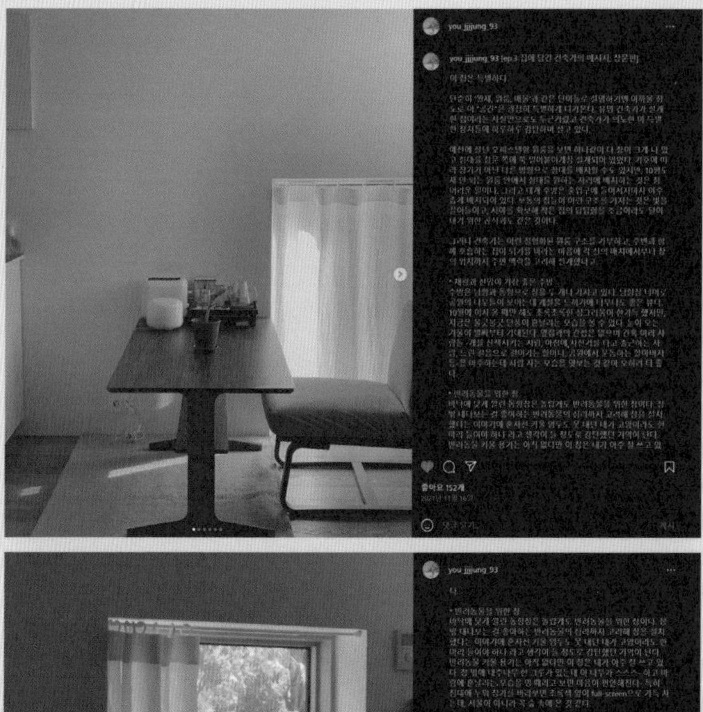

유정 님의 인스타그램 기록.

창이 나 있었다. 새어 들어오는 것도, 쏟아져 들어오는 것도 아닌, 왠지 조심스레 실내를 감싸 안는 부드러운 북쪽의 빛. 동쪽 빛의 총명함이나 남쪽 빛의 발랄함과는 또 다른, 깨달음을 얻은 듯 고요한 노스 라이트."

이 책은 건축가가 겪게 되는 인생의 여정에 대한 이야기지만 북향집이 지어지는 과정이 흥미롭게 담겨 있어요. "빛을 환대하고, 빛에게 환대받는 집"을 짓고 싶었다는 소설 속 주인공 아오세가 지은 집이 바로 북향집, Y주택이었습니다. 고정관념과는 달리 북향집이 여러분을 빛과 더 특별한 관계를 맺게 해줄지도 몰라요.

2

‘빈티지 아파트’가 보여주는 구축의 매력: 행촌동 ‘대성맨션’

52년 된 빈티지 아파트를 발견하다

2019년 큐레이션 부동산을 오픈하고 1년 남짓 정신없는 시간을 보낸 뒤 약간의 평온을 되찾은 2020년 11월, 웹사이트 문의 게시판에 새 글이 접수되었다는 알림이 울렸어요. 본인이 살고 있는 9평(33m²) 아파트를 별집에 매매로 내놓을 수 있는지를 묻는 글이었어요. 마침 상호를 별집으로 변경하고 웹사이트를 새롭게 오픈하면서 매물 종류와 서비스 폭을 늘리기로 하던 참이라 더 반갑게 느껴졌습니다. 그전까지는 1인 가구를 위한 소형 주택의 임대차 중개를 주로 해왔는데, 2~3인 가구를 위한 집과 업무/상업 공간도 소개하려던 참이었거든요. 임대차뿐 아니라 매매 중개도 하고요.

반가운 마음도 잠시, 의뢰받은 매물이 아파트라 중개를 해야 할지 망설여졌어요. 우선 '전용면적이 9평인 아파트'라는 범상치 않은 단서를 쫓아 정보를 수집하기 시작했어요. 이것저것 열심히 파헤쳐 봤는데 아파트에 설치된 오래된 엘리베이터 영상과 집의 구조를 간단하게 표현한 이미지 외에는 남겨진 기록이 거의 없었어요. 그래도 사용승인일이 1971년 11월 13일로 반세기가 훌쩍 넘은 건물인 데다 아파트 두 동이 구름다리로 연결되어 있는 모습이 제 호기심을 자극하기에 충분했습니다. 직접 가보고 판단하자는 결론을 내리고 의뢰인과 매물 취재 일정을 잡았어요.

행촌동 '대성맨션' 외관

엘리베이터와 계단실

옥상의 빨래 건조대

사직터널을 빠져나오자 대로변 우측에 정말 사진처럼 공중 다리로 서로 연결되어 있는 아파트 두 동이 서있었어요. 현재는 아파트 문주에 '대성아파트'라고 표기되어 있지만 로드뷰 확인 결과 2012년도만 해도 '대성맨숀아파-트'라고 적혀있었더라고요. 고급 아파트라는 이미지를 부각시키기 위해 1970년대 초에 지어진 아파트들에 맨션이라는 이름을 많이 사용했다고 해요. 저는 아파트보다는 맨션이라는 표현이 더 좋아서 대성맨션이라고 부르고 있어요.

대성맨션은 필지 자체가 그리 크지 않은 데다 경사까지 있어서 주차가 쉽지 않았어요. 하마터면 매물 취재에 대한 의욕이 주차하며 뺀 진땀과 함께 식어버릴 뻔했지 뭐예요. 다행히도 고생 끝에 낙이 온다고 공동 현관문을 열자마자 신세계가 펼쳐졌습니다. 인디언 핑크 색으로 칠해진 엘리베이터 문과 빈티지한 문양의 벽타일, 1이라고 써진 빨간색 숫자에 순간 마음을 빼앗겨 버렸어요. 복도와 계단실에는 영화 속 90년대 홍콩의 분위기가 흐르고 있어 외국에 온 듯한 느낌이 들었습니다. 다른 나라로 데려다줄 것만 같은 엘리베이터를 타고 옥상으로 올라가면 커다란 빨래 건조대도 만나볼 수 있어요. 실제로 입주민들이 자주 이용하는 건조대라고 합니다.

그렇게 혼자 옥상에 설치된 공중 다리도 건너보고 실컷 이곳저곳을 쏘다닌 뒤 드디어 의뢰인분을 만나러 갔어요. 첫 만남이었는데 원래 알고 지낸 사이처럼 편안하게 이야기를 주고받았습니다. 자연스럽게 여러 차례 만남이 이어지면서 대성맨션에 관한 재미난 일화들을 여럿 들을 수 있었어요. 예전에는 이곳에 미군 장교들이 살았었고, 80년대까지만 해도 문주에 게이트가 설치되어 있어서 밤 12시면 게이트를 닫아버렸다고 해요. 옛날 사진도 여러 장 보내주셨는데 (지금은 사라진) 살구나무에 꽃이 피었을 때의 사진과 엘리베이터 내부의 기계 장치를 찍은 사진이 가장 기억에 남아요.

대성맨션은 총 64세대로 세대 수가 많지도 않거니와 입주민들끼리 알음알음 거래를 하는 경우가 종종 있어 매물이 귀한 편이었어요. 감사하게도 이 의뢰인분 덕분에 별집은 대성맨션의 모든 타입을 중개할 수 있는 기회를 얻었습니다. 제일 작은 21m²(6평) 면적의 집부터 102m²(31평) 면적의 집까지요. 저희는 서로가 애정하는 빵집과 커피집을 공유하고 키우는 반려식물을 나눠 가며 20년의 나이 차이가 무색할 정도로 지금도 친구처럼 잘 지내고 있어요.

부동산 거래가 목적이지만 중개하는 내내 어디서도 보지 못했던 독특한 아파트 구조를 탐색하고, 오래된 공간에 담긴 특별한 이야기를 발견하는 일이 너무 즐거웠어요. 그런 내용들이 매물 소개 글에 녹아들어서인지 몇 가지 해프닝도 있었어요. 한 번은 대성맨션 엘리베이터 앞에서 패션 화보 촬영

아파트 앞에 있던 살구나무(사진: 의뢰인 제공)
엘리베이터 내부의 기계 장치(사진: 의뢰인 제공)

을 하고 싶은데 어떻게 해야 하냐고 패션 회사에서 별집으로 연락을 해왔어요. 또 한 번은 인근 학교에서 전화가 왔어요. 2021년 10월에 강풍으로 대성맨션 담벼락 일부가 무너진 적이 있었는데, 피해 복구가 늦어져서인지 학교 관계자가 담벼락 수리 일정을 별집에 물어보더군요. 수능 일정과 겹치면 안 된다면서요. 이 밖에 방송사에서도 구옥 리모델링을 주제로 대성맨션을 촬영하고 싶다며 저희에게 연락을 해오기도 했습니다. '귀찮게 부동산에 이런 걸 왜 물어봐'라고 생각할 수도 있지만 저는 사람들이 대성맨션의 숨은 매력을 알아봐 주는 것 같아 뿌듯하기만 했어요.

식모방부터 벽장까지, 구축 아파트의 독특한 구조

아파트에 전용면적이 21m²인 세대가 있다는 것도 신기했지만 가장 큰 면적을 가진 세대의 내부 구조가 정말 특이했어요. 오래전에 지어진 아파트임에도 세면대와 욕조가 놓인 욕실과 변기만 있는 화장실이 따로 분리되어 있었고, 욕실에는 다용도실을 향해 창이 크게 나 있었어요. 거실 발코니는 네모, 세모, 동그라미도 아닌 오각형 모양이었는데, 색다른 공간인 만큼 잘 활용되면 좋겠다고 생각하던 찰나 운좋게도 이 공간을 즐기는 입주민의 모습을 포착했습니다. 나이가 지긋해 보이는 남자분이 알록달록한 꽃으로 둘러싸인 발코니에서 차를 마시고 계셨는데 엄청 멋있어 보였어요.

이 집에는 활용 가치가 뛰어난 보물 같은 공간들도 곳곳에 숨겨져 있었는데요, 세 개의 방 외에 주방 옆에 해리포터가 생활하던 계단 밑 벽장 같은 아주 작은 방 하나가 더 있었어요. 오래전에 지어진 고급 아파트에는 주방 옆에 식모방이 딸려 있었다고 하던데 아마도 이 방이 그 식모방이겠다 싶었습니다. 작디작은 식모방을 포함해 방 두 곳에는 이상하다 싶을 정도로 높은 천장고를 가진 벽장이 있었어요. 벽장 안에 다락을 만들면 아이들이 좋아하지 않을까 하고 혼자 이 집을 고치는 재미있는 상상을 해봤습니다.

이 매물은 전망과 채광까지 좋은 집이라 리모델링 후의 모습이 기대되는 집이었어요. 다만 구축이기에 감내해야 하는 부분도 분명히 존재했어요. 배관이 오래돼 녹물이 나올 수도 있고 벽과 창호의 단열 성능이 떨어져 겨울에 추울 수도 있었죠. 그래서 이런 기능적인 부분을 잘 보강하면서도 원래 공간이 갖고 있던 매력을 살려 리모델링할 수 있는 감각을 지닌 손님이 나타나길 진심으로 바랐습니다. 재건축에 대한 막연한 기대감을 갖기보다는 집 자체의 발전 가능성을 떠올리며 이 집이 얼마나 매력적으로 변하게 될지 상상할 수 있는 사람이 나타나줬으면 했어요. 아파트값이 고공행진하던 해라 재건축을 노리고 투자 목적으로 매수한 사람이 대충 인테리어한 뒤 아무에게나 임대를 놓으면 어떡하나 하고 중개업자가 하지 않아도 될 걱정을 하며 몰래 마음도 졸였습니다.

집이 딱 맞는 주인을 만났을 때

투자 목적의 손님, 호기심에 구조를 보러 온 손님 등 여러 손님이 다녀갔는데 무더운 어느 여름날 이 집을 정말 잘 고쳐 쓸 수 있을 것 같은 진짜 손님이 나타났어요. 건축 관련 일을 하는 재기 님은 낡고 지저분한 모습 속에서도 이 집의 가능성을 제대로 꿰뚫어 보는 것 같았어요. 별집에서 꼭 성사시키고 싶었던 집을 바라던 분에게 거래할 수 있게 돼 티는 안 냈지만 계약하는 날 기분이 너무 좋았습니다. 화기애애한 분위기 속에 잔금까지 잘 마무리하고 인테리어 공사가 한창인 현장을 잠시 방문했어요.

숨어 있던 공간에 아이디어가 더해져 감각적인 집으로 변해가고 있었습니다. 분리되어 있던 욕실과 화장실을 하나로 통합하면서 비좁았던 현관이 훨씬 넓어졌고, 주방 구조는 레이아웃이 완전히 달라졌어요. 콘크리트로 현장에서 맞춤 제작한 아일랜드형 싱크대가 거실과 나란한 방향으로 놓여 있었습니다. 이전에는 거실과 주방 사이 공간이 뭔가 어정쩡했었는데 이제야 공간에 중심이 잡힌 느낌이 들었어요. 벽장이 있던 자리는 뜻밖에도 책을 위한 공간인 서고가 되었습니

오각형 발코니의 활용 방법

리모델링 전 벽장과 주방

리모델링 후 집의 모습

다. 기존 벽장 안에 설치되어 있던 용도를 알 수 없는 회전봉이 그대로 남아 공간에 유니크함을 더해주고 있었어요.

재기 님의 집을 다시 찾아 생활감이 묻어나는 집의 모습과 이야기를 눈과 귀에 가득 담아 왔습니다. 이야기를 나눈 장소가 독특했는데, 거실이나 다이닝실이 아닌 이 집에서 가장 전망이 좋은 방으로 저를 안내했어요. 방인데 문도 없었고 거실에 있어야 할 소파와 TV가 그 방에 놓여 있었습니다. 경계가 흐릿하고 트여 있는 느낌이 나는 공간이 집에 하나쯤은 있었으면 해서, 가장 전망 좋은 방을 문 없이 노는 방으로 사용하고 있다는 말에 '역시 별집 손님!'이란 멘트가 입안을 맴돌았어요. 세월의 때가 많이 묻은 집인데도 불구하고 그대로 있으면 더 좋을 것 같은 것들을 최대한 남겨 가며 리모델링한 집이었습니다.

무얼 남기고 무얼 없앨지 고민하는 과정도 구축 리모델링의 묘미 아닐까요? 벽장에 있던 회전봉과 화장실 창문, 방송 스피커 커버, 아파트가 지어질 당시부터 있었을 것 같은 신발장과 초인종까지 예전 흔적들을 발견하는 재미가 쏠쏠했어요.

이야기를 나누다 보니 고치기 전의 모습이 새록새록 떠올랐는데 이상하게 집 중앙에 서 있는 기둥은 처음 보는 것 같은 거예요. 벽지에 가려져 있었을 때는 인식을 잘 못했었는데 벽지를 한 꺼풀 벗겨내고 나니 정말 달라 보이더라고요. 극적인 효과를 내기 위해 설치한 무대 장치 같기도 하고 날것 그대로의 모습이 노출 천장과도 잘 어울렸어요. 잠깐이지만 새벽에 맞은편 건물에서 반사된 빛이 기둥을 비추는 시간이 있는데 그 모습도 좋고, 기둥이 있어 움직임이 더 재미있어졌다고 말하는 재기 님의 표정에서 만족감과 뿌듯함을 읽을 수 있었어요. 재기 님처럼 공간의 진짜 매력을 알아보는 사람들로 대성맨션이 계속해서 채워져 나갔으면 했습니다.

대성맨션 원룸: 노을을 기다리는 집

대성맨션에는 6평 남짓한 원룸도 있어요. 현관문을 열면 우측에 부엌과 화장실이 있는 북서향 집인데요, 특별할 거 없는 구조지만 창밖 풍경 하나는 자랑할 만했습니다. 인왕산과 하늘이 보이는 가슴이 뻥 뚫리는 시원한 풍경을 가졌거든요. 이 집에 살게 된 손님은 디자이너로 일하면서 싱어송라이터 활동도 하고 있는 지훈 님이에요. 풍경에 반해 집을 계약하기로 마음먹었습니다.

당시 지훈 님은 가슴 한 켠에 뮤지션의 꿈을 품고 회사를 다니는 직장인이었어요. 꿈을 위해 퇴근하고 집에 돌아오면 창문 아래 놓인 책상에 앉아 창 너머의 하늘과 인왕산을 배경으로 음악 작업에 열심이셨어요. 집에서 커버 영상을 찍어

대성맨션 원룸

유튜브에 종종 올리셨었는데 저희가 중개한 집이 배경으로 등장하니 반갑기도 하고, 잘 지내고 계신 것 같아 뿌듯했습니다. 실제로 이 집에서 작사 작곡한 곡들을 음원으로 발매해서 이제는 싱어송라이터로도 활동하고 계세요. 언젠가 대성맨션에서 뮤직비디오를 촬영하겠다는 야심 찬 계획도 갖고 있습니다.

이 집에 살고부터는 오후 5시를 기다리게 된다는 지훈 님의 말이 아직도 귓가를 맴돌아요. 찰나의 시간이지만 희미한 노을빛이 들어오는 그 시간이 너무 소중해 하던 일도 멈추고 빛의 탄생과 소멸을 지켜본다고요. 그 이야기를 듣는데 문득 생텍쥐페리의 소설 『어린 왕자』가 떠올랐어요. 오후 3시부터 행복감으로 어린 왕자를 기다리는 사막 여우처럼, 오후에 잠깐 드는 북서향의 소중한 빛을 설레는 마음으로 기다릴 수 있다는 걸 알게 된 순간이었습니다. 관점을 조금만 달리하면 새로운 가능성이 열린다는 말을 새삼 실감했어요. 집에서 일을 하다 보면 시간의 흐름에 둔감해지기 마련인데요, 창가에 노을빛이 들어오기 시작하면 잠시 모니터에서 눈을 떼고 주홍빛으로 물들어가는 집 안을 관찰해 보세요. 눈의 피로를 씻고 시간의 흐름을 가늠해보는 거죠.

구축의 매력

집을 사기 위해 별집을 찾는 30, 40대 손님들 중에는 신축보다는 구축에 관심을 보이는 비율이 좀 더 높은 편이에요. 서울의 집값이 감당하기 힘든 수준으로 올라버렸고 정권이 바뀔 때마다 오락가락하는 부동산 정책을 계속 지켜볼 수만은 없는 노릇이라, 신축보다 저렴한 구축을 매입해 원하는 대로 리모델링한 후 하루빨리 주거 안정을 꾀하는 편을 택하는 거죠. 이들에게 집은 자산 가치를 높이는 수단 그 이상의 의미를 지닙니다.

그렇다면 별집 손님들은 어떤 매력에 이끌려 구축을 찾는 걸까요? 아무래도 구축은 건물이 노후화되다 보니 전체 주택 가격에서 건물 가격이 차지하는 부분이 상대적으로 적어요. 대지 가격이 주택 가격의 대부분을 차지합니다. 그러니 대지의 평당가가 동일하더라도 신축보다는 구축의 주택 가격이 더 저렴할 수밖에 없어요. 만약 가격이 동일하다면 구축의 면적이 훨씬 넓을 거고요. 그리고 구축을 신축에 가까운 수준으로 대수선하는 리노베이션의 경우를 제외하고는 오래된 집을 리모델링하는 게 신축 주택을 매수하는 것보다는 비용이 적게 들어가요.

처음부터 건축가에게 의뢰해 맞춤 제작한 집이 아니라면, 이제 막 새로 집어진 집의 구조를 변경하거나 다시 뜯어

고치는 게 쉬운 일은 아니에요. 반면 구축은 사는 사람의 라이프스타일과 취향에 맞게 구조나 마감재 등을 고쳐 쓰는 것이 신축에 견줘 자유로워 만족도가 높아요.

또 다른 구축의 매력은 매물의 상태나 환경 등을 직접 눈으로 확인할 수 있다는 거예요. 채광이나 전망, 냄새, 소음, 건물의 관리 상태, 그리고 외벽이나 옥상 등의 균열과 같은 하자나 기타 특이사항까지 확인이 가능해요. 그뿐 아니라 주변에 어떤 이웃이 살고 있는지도 미리 파악할 수 있어요. 반면 선분양 아파트나 빌라는 계약 당시에 집이 지어져 있지 않기 때문에 모델하우스에 의존하는 수밖에 없어요. 모델하우스는 실제보다 넓은 공간감을 주기 위해 일반적인 가구보다 크기가 작은 가구를 진열하는 등 약간의 장치가 사용되는 경우도 있으니 좀 더 주의해 살필 필요가 있습니다.

마지막으로 입지가 좋은 곳은 구축이 선점하고 있을 확률이 높다는 점도 매력적인 포인트입니다. 토지는 건물이나 물건과 다르게 물리적 절대량을 증가시킬 수 없어요. 이러한 토지의 희소성으로 인해 최근에 지어지는 신축보다는 선택지가 더 넓었던 구축이 입지 측면에서 강점을 지닐 수밖에 없습니다. 구축의 불편함은 리모델링을 통해 대부분 해소할 수 있으므로, 각자의 입장에서 좋은 입지라 생각되는 곳에 있는 구축을 한번 검토해 보는 것도 괜찮은 선택이라 생각해요.

3

역에서 35분 걸리는 집이 매력적인 이유: 장안동 '단하당'

역에서 35분, 글이 잘 써지는 복층 집

흔히 지하철역이 도보로 10분 이내의 거리에 있으면 역세권, 5분 이내의 거리면 초역세권이라 불러요. 도보로 이용 가능한 노선이 두 개인 경우는 더블 역세권, 세 개인 경우는 트리플 역세권이라 부르기도 하고요. 이런 용어가 생겨난 건 지하철역과의 도보 거리가 부동산 가격 형성에 큰 영향을 미치기 때문이겠죠.

어릴 적 제가 살던 동네에는 지하철이 들어오지 않아서 버스를 30분 정도 타고 나가야 지하철을 탈 수 있었어요. 그때는 그게 너무 당연해서 불편하다는 생각을 못 했었는데, 독립 후 경험한 역세권 집들은 너무나 달콤했습니다. 시간이 곧 돈인 지금과 같은 분초사회에서 시간을 단축할 수 있거나 정확한 시간을 예측할 수 있다는 건 굉장한 메리트로 느껴져요. 그만큼 역세권에서 벗어나는 집을 선택하기 위해서는 과감한 결단이 필요합니다. 자차나 택시를 주로 이용하는 게 아니라면 집이든 동네든 교통의 불편함을 상쇄하는 매력을 갖고 있어야 해요.

서울 동대문구 장안동에 '단하당'이라 불리는 건물이 하나 있어요. 다음 지도 기준으로 이 건물에서 장한평역 2번 출구까지는 걸어서 35분 정도 걸립니다. 축지법을 쓰는 사람이 아니라면 출퇴근하는 직장인이 매일같이 걸어 다니기 힘든 거리죠. 그런데 이 건물에 사는 6세대의 임차인들 대부분이 4년 가까이 이 집에 머무르고 있어요. 별집 손님도 최근 연장 계약을 했다는 반가운 소식을 전해왔어요. 도대체 어떤 매력이 있길래 임차인들이 오래 머물고 있는 걸까요? 그 비밀을 누설하기 전에 별집이 '단하당'과 어떻게 만나게 됐는지 특이한 만남부터 이야기해 볼게요.

장안동과 그리 멀지 않은 면목동에도 별집에서 중개하는 건물이 있어요. 그 건물 1층 상가에 중개한 베이커리 카페가 오픈해서 카페 사장님에게 오픈 축하 인사도 드리고 빵도 먹을 겸 카페에 잠시 들렀습니다. 테이블에 앉아 커피와 빵을 즐기고 있었는데 가게로 들어오자마자 카운터로 직진하는 어느 중년 여성분이 제 눈에 들어왔어요. 음료를 주문하나 싶었지만 카페가 입점해 있는 건물을 설계한 건축 설계사무소가 어딘지를 묻고 있었어요. 그런 정보를 알 리 없는 카페 사장님은 모른다고 대답했고, 여성분은 정중하게 사정 이야기를 하며 임대인(건물주) 연락처를 알 수 있는지 다시 물었습니다.

사정인즉슨 건물을 새로 지으려 하는데 이 건물이 너무 마음에 들어서 건축가가 누군지 꼭 알고 싶다는 거였어요. 두 가지 정보를(건축가와 임대인 연락처)를 모두 알고 있던 저는 엉덩이를 들썩거리며 저 대화에 끼어들어도 될지를 여러 차례 고민하다가 난감해 하는 카페 사장님을 곤경(?)에서 구해드리기로 했어요.

"이 건물 중개하고 있는 부동산인데 ○○ 건축 설계사무소에서 설계한 건물입니다. 개인 정보라 임대인 연락처는 알려 드릴 수 없고, 건축가 관련해서 궁금한 점이 있으시면 저한테 물어보세요."

그렇게 별집 명함을 건넸어요. 마침 설계한 건축가와 친분이 있는 터라 연락이 오면 소개해 드릴 요량이었어요. 며칠 뒤 명함을 드렸던 여성분에게서 진짜로 연락이 왔습니다. 그날 건축 설계사무소가 어딘지 알려준 덕분에 건축가와 상담을 잘 마쳤다며 고마운 마음을 전했어요. 소유하고 있는 다른 건물이 또 있는데 훗날 그곳에 집이 나오면 별집에 중개를 의뢰하고 싶다는 내용도 덧붙여서요. 짐작하셨겠지만 바로 이 여성분이 '단하당'의 임대인이에요.

2022년 봄, 드디어 '단하당'을 중개할 수 있는 기회가 찾아왔어요. 솔직히 외관이 그다지 끌리지 않아 내부도 평범하면 어쩌나 하는 약간은 불안한 마음을 안고 집으로 향했습니다. 현관문을 열자마자 저의 걱정이 괜한 기우였다는 게 밝혀졌어요. 어떤 공간은 힘들게 찾아 헤매지 않아도 매력이 저절로 드러나는 경우가 있는데요, 이곳도 스스로 자신의 매력을 발산하는 그린 집이었어요. 다락이 있는 원룸으로 다락층의 층고가 높아 두 개 층 전부 서서 생활할 수 있는 복층형 구조에 가까웠어요. 제가 반한 포인트는 크게 세 가지였는데 당시에 별집 웹사이트에 집을 이렇게 소개했습니다.

채광

삼면에 창을 두었는데, 남동향 및 남서향의 창에서 쏟아지는 빛이 마음을 정화시킵니다. 온종일 빛이 실 내부로 깊숙이 들어와요. 창가에 식물을 두면 멋진 식물 그림자가 탄생하는 집이죠. 다락층에는 북쪽으로 창을 두어서 간접조명으로 안락한 분위기를 연출할 수 있습니다. 숙면을 취하기 좋은 공간이에요.

나선형 계단

집에 들어선 순간 나선형 계단이 시선을 사로잡습니다. 이 계단 하나로 집의 분위기가 완전히 달라져요. 단조로운 공간을 생기 넘치게 만들어주는 역할을 할 뿐만 아니라, 벽으로 막힌 일반 계단보다 자유로운 분위기를 풍깁니다. 계단을 통해 수직적으로 이동하며 공간의 전환을 경험해 보세요.

경사창

주방과 다락층에 위쪽으로 좁아지는 외관을 따라 경사

현재 임차인 이전 임차인이 살던 집의 모습
신축 당시 모습(사진: 임대인 제공)

주방 경사창(신축 당시 모습, 사진: 임대인 제공)
다락층 경사창(현재 임차인이 사는 집의 모습, 사진: 임차인 제공)

창이 설치되어 있어요. 이 경사창 덕에 자칫 좁아 보일 수 있는 주방이 요리할 맛 나는 공간이 되었어요. 파란 하늘을 바라보며 요리를 즐길 수 있습니다. 다락층의 경사창은 천창의 기능을 한다고 보면 되는데요. 비 오는 날 침대에 누워 이 창을 바라보면 어떤 기분일지 궁금하게 만드는, 가능하다면 저희 집에 가져오고 싶은 욕심이 생기는 창입니다.

매물을 웹에 업로드하자마자 반응은 뜨거웠습니다. 지하철역과의 거리를 생각하면 의외의 반응이었어요. 채광도 좋고 공간 분리가 확실하게 되는 구조라 재택근무를 하며 집에서 주로 시간을 보내는 사람에게 딱일 거라 생각했는데, 공간에도 시절인연이 있는 게 아닐까 싶을 정도로 딱 맞는 주인을 만나게 됐습니다.

에디터이자 시인의 글쓰기 좋은 집

결국 이 집을 선택하게 된 현재의 임차인은 별집과도 안면이 있는 분이었습니다. 제가 온라인 라이프스타일 매거진에 에세이를 기고하면서 알게 된 에디터였거든요. 첫 독립이었음에도 불구하고 독특한 구조에 홀려 다른 집은 아예 쳐다보지도 않았다고 하셨는데요, 건축과 디자인 관련 전문가를 많이 취재하는 분이라 어떤 안목으로 이 집을 선택했는지 자

임차인이 살고 있는 집의 모습.
거실에 테이블을 두고 글을 쓰고 있다.(사진: 임차인 제공)

못 궁금했어요. 정주의 개념이 상당히 약해진 요즘, 평범하지 않은 구조를 가진 이 집을 재계약까지 한 이유는 뭔지 물었습니다.

가장 큰 이유는 역시 네모 반듯하지 않은 평면과 비스듬한 천장 그리고 층으로 분리된 이 집의 구조가 라이프스타일과 아주 잘 맞아서였습니다. 에디터로 일하면서 만난 건축가와 디자이너들로부터 '사는 곳이 정형화되면 생각도 그렇게 된다'는 이야기를 많이 들었던 터라 특별한 구조를 가진 집에서의 독립을 꿈꿔왔었다고 해요.

이 손님이 '단하당'으로 이사할 무렵 시인으로 등단했다는 소식을 듣고 축하 인사를 건넸던 기억이 나는데요, 글을 쓰는 분이라 그런지 지금의 집은 창의적인 생각을 하는 데 많은 도움이 된다고 합니다. 지하철을 이용해야 할 땐 버스를 타고 나가야 해서 불편하지만 지금 다니고 있는 회사까지 한 번에 가는 버스도 있고, 그런 불편을 감수할 만큼 온전한 글쓰기가 가능한 집이라는 점을 높이 평가했어요. 근처에 아파트 놀이터가 있어 시끌벅적한 아이들의 노는 소리가 들려오지만, 글을 쓰는 데 방해가 되기보다는 활력소가 되어준다고도 말했습니다. 이런 이야기를 들을 땐 쓸데없이 단단해진 제 마음 근육이 조금 부드러워지는 느낌이 들어요.

손님은 동네 자랑도 빠트리지 않았어요. 처음 살아보는

동네였지만 나이 드신 분들이 많은 것도 좋았고 평온하면서도 다소곳한 분위기라 지금도 안심하며 살고 있다고 해요. 산책하기 좋은 중랑천은 도보로 10분이 채 안 걸리고 건축물이 근사한 도서관도 그리 멀지 않은 곳에 있습니다. 배봉산에 위치한 숲속도서관 건물이 너무 좋아서 건축가가 누군지까지 알아봤다는 말에 저도 덜컥 방문하고 싶어졌지 뭐예요.

시간을 아낄 것인가, 풍요롭게 사용할 것인가

많은 사람들이 비용을 더 지불하면서까지 역세권을 선호하는 이유는 시간을 밀도 있게 사용하기 위해서입니다. 즉 무의미하게 흘러가는 이동 시간을 다른 가치 있는 일에 투자하고 싶은 거죠. 이동하면서 소모되는 에너지를 최소화하면 보다 생산적인 하루를 보낼 수 있다는 생각이 기저에 깔려 있습니다. 틀린 생각은 아니지만 그렇다고 집을 구하는 모든 사람에게 그 조건이 1순위일 필요는 없는 것 같아요. 누군가에게는 지하철역과 멀어지더라도 동일 금액 대비 면적이 좀 더 넓고 쾌적한 집에서 시간을 보내는 게 삶의 질을 높이는 데 도움이 될 테니까요. 10분을 더 걸으면서 생겨나는 여유가 삶을 훨씬 풍요롭게 할 수도 있습니다. 주말 혹은 퇴근 후 집에서 보내는 시간이 만족스러워지면 일을 하는 시간도 더 좋아지지 않을까요?

정확한 이동 시간을 계산할 수 있는 지하철보다 바깥 풍경을 살필 수 있는 버스를 더 선호하는 사람, 집에서 일하거나 재택근무가 잦은 사람, 동일 금액 대비 더 큰 면적의 집을 원하는 사람, 탁 트인 혹은 녹색으로 둘러싸인 전망을 꿈꾸는 사람, 주변이 번잡하지 않은 집을 찾는 사람이라면 꼭 역세권을 고집해야 하는지 다시 생각해 봤으면 좋겠습니다.

'살고 싶은 동네'의 조건

아이러니한 건 근 몇 년째 연희동, 망원동, 부암동같이 지하철역과는 거리가 먼 동네들이 젊은 층이 살아보고 싶어 하는 동네로 떠오르고 있다는 점이에요. 그 동네만이 갖고 있는 특별함, 이를테면 고즈넉한 분위기를 동경하는 것 같아요. 역 주변은 모습이 다 비슷비슷한 반면 비역세권 동네들은 그간 경험해 보지 못한 풍경을 갖고 있기 때문이 아닐까 짐작해 봅니다. 저는 이런 현상을 집과 동네를 바라보는 관점이 달라지고 있음을 시사하는 긍정적인 신호로 받아들이고 있어요.

1인 가구가 늘어날수록 동네도 집만큼이나 중요한 요소가 되어 가고 있습니다. 예전에는 집의 배경 정도로 인식되었던 동네가 이제는 또 하나의 집처럼 인식돼요. 집의 개념이 동네로까지 확장된 것인데, 하루를 마감하고 집으로 돌아가는 과정까지도 집의 일부로 보는 거죠. 5~7평의 작은 집에서

연희동 골목길
계동 골목길

는 충족하기 힘든 기능들을 집 밖에서 해결하고자 하는 1인 가구에게 특히 집의 주변 환경은 실내 환경 못지않게 삶의 질을 좌우하는 중요한 요소로 자리 잡았어요.

흔히 살고 싶은 동네인지를 파악할 때는 공원과 카페, 빵집, 헬스장, 서점 등과 같이 눈에 보이는 것들 위주로 살피기 쉬워요. 터치 몇 번으로 빅데이터를 활용한 사이트에서 치안과 같은 안전 정보와 병원, 편의시설 등의 정보를 얻기도 하고요. 그런데 우리 눈에 보이지 않는 중요한 요소가 있습니다. 동네가 풍기는 '바이브(분위기)'예요.

사람의 감정이 쌓이고 모여 건물 속에, 거리에 머무르게 되는데 이런 감정의 냄새가 공기에 응축되어 동네의 바이브를 만들어요. 활기가 느껴지는 에너제틱한 바이브가 있는가 하면 차분함이 느껴지는 정적인 바이브도 있습니다. 내가 지향하는 삶의 가치에 공감하는 사람들이 모여 살게 되면 그 동네에서는 어떤 바이브가 느껴질지 이 기회에 한번 상상해 보면 좋겠습니다.

주변에 '좋은 동네의 조건'은 뭐라고 생각하는지, 가끔 묻곤 합니다. 그 조건으로 '사람'을 이야기한 지인이 있었어요. 귀갓길에 시원한 캔 맥주 한 잔에 새우깡 한 봉지를 안주 삼아 수다를 떨 수 있는 친구가 동네에 있다는 것이 굉장한 위안이 된다던 그는, 동네에 매력적인 콘텐츠가 아무리 많아도 즐거움을 함께 나눌 동네 친구가 없다면 자신에게 그 동네는 그저 쓸쓸한 동네가 될 뿐이라고 했어요. '○세권'으로 대변되는 다양한 입지 환경을 갖춘 동네가 주목받는 요즘 같은 때에 의외의 답변이었습니다.

조금은 다른 이유지만 저도 집을 구할 때 집보다는 동네를 더 살피는 편입니다. 주로 동네의 풍경을 유심히 관찰해요. 퇴근하고 집으로 돌아갈 때 지친 발걸음을 가볍게 만들어줄 풍경을 갖고 있는지, 주택과 작은 상점들이 어수선하지 않게 잘 어우러져 길을 걸을 때 소소한 재미를 느낄 수 있는지, 거리에서 안정감이 느껴지는지, 단골로 삼고 싶은 빵집과 카페가 있는지 등을 말이에요.

어찌 보면 나름의 깐깐한 기준으로 택한 동네를 계속 살고 싶은 동네로, 살아보니 좋은 동네로 만드는 건 각자의 몫이기도 한 것 같아요. 그래서 저는 언제 떠날지 모르는 동네더라도 그곳에 살 때만큼은 '동네 부심'을 가진 주민이 되려고 노력합니다. 동네의 변화에 무감해지지 않으려 틈틈이 동네를 배회하고 두리번거리고 있어요. 지금 살고 있는 동네에서 우연한 계기로 알게 된 동네 친구 파랑 님과 평소 찜해놓은 가게를 찾아가 보거나, 산책을 핑계로 오밤중에 가본 적 없는 새로운 길을 탐험하면서요.

복복층, 단면이 독특한 집:
남가좌동 '토끼집'

‘테트리스’ 구조를 벗어나면 생기는 일

손님과의 첫 만남에서 결이 맞는 사람을 만난 것 같은 기분을 느낄 때가 많아요. 앞에서 내색하지는 않지만 손님의 말이나 반응에 ‘역시’라는 마음이 들거나, ‘어쩜 저런 생각을 할 수가 있지’라며 감동을 받기도 합니다. 그런 감정이 생겨나면 제 생각을 좀 더 솔직하고 자연스럽게 손님에게 전달하게 돼요. 이런 경험을 할 수 있는 건 별집을 찾는 분들이 색다른 공간 경험을 갈망하는 분들이기 때문입니다. 매일 500명 가까이 되는 사람들이 별집 웹사이트를 방문하는데요, 당장 살 곳을 알아보기 위해, 혹은 공간 잡지를 보듯 새로 업로드된 집을 구경하기 위해 등 방문 목적은 다양해요. 하지만 모두 사회가 주입하는 정형화된 집의 공식을 기꺼이 깨부수고, 독립독보하려는 용감한 분들입니다. 어디서나 볼 수 있는 평범하게 예쁜 집보다는 ‘다른’ 집을 원하시고요.

그런데 집을 보여드리는 과정이 항상 유쾌하게 끝나지만은 않습니다. 가끔 저를 긴장하게 만드는 상황도 펼쳐져요. 특히 집을 보기로 한 손님이 부모님과 함께 모습을 드러내면 머릿속에 비상 사이렌이 울리기 시작합니다. 오늘 보여드리기로 한 집이 남향인지, 평면은 반듯한 모양새인지 재빠르게 복기해 봐요. 자칫 북향이 껴있거나 벽면의 각도가 직각을 벗어나면 안 좋은 집을 소개해 준 중개인이 돼버리거든요.

부모님 세대일수록 익숙하지 않은 구조를 맞닥트렸을 때 그곳을 '죽은' 또는 '비효율적인' 공간으로 바라보는 경향이 짙어요. 관점을 조금만 달리하면 여러 삶의 가능성을 제시할 수 있는 구조인데 말이죠. 테트리스처럼 딱딱 맞아떨어져야만 좋은 집이 아니라고 설득하고 싶고 매물의 매력을 어필하고 싶지만 부모님들은 어느샌가 저만치 멀어져 계시더군요. 손님에게 빨리 그 집에서 나오라는 무언의 메시지를 보내시면서요.

이 글을 읽고 있는 독자분들 중에 색다른 구조에서 한번 살아보고는 싶은데 여전히 망설이고 있는 분들이 있다면, 별집 손님들의 이야기에 귀기울여 보세요. 누군가가 정의한 대로 소비하기보다, 시간이 걸리더라도 공간과 삶을 스스로 만들어가는 것이 얼마나 즐거운 일인지 손님들의 이야기를 들려드릴게요.

남가좌동 '토끼집':
잭과 콩나무처럼 사다리를 타고 오르는 집

2014년 12월 서울 서대문구 남가좌동에 '토끼집'이라는 이름이 붙은 다세대주택이 들어섰어요. 지금 봐도 구조가 독특한 편인데 건물이 지어질 당시 실험적인 주거 형태로 꽤 주목을 받았습니다. 2층과 3층은 9m 길이의 기다란 거실 겸 주방을 가진 구조였고, 4층은 복층 구조에 다락층까지 있는 복복층 구조였어요. 오늘 이야기할 사례는 4층의 복복층 집입니다.

'계단을 오르고 사다리를 타는 재미있는 집'라는 제목으로 이 집을 소개했었는데, 재미있는 집의 구조는 이렇습니다. 우선 현관에 들어서면 분리된 방, 화장실 그리고 계단을 만나게 돼요. 자꾸만 오르고 싶어지는 이 계단을 오르면 이제는 주방과 높은 층고를 가진 거실, 작은 베란다를 만나게 됩니다. 여기서 멈추지 않고 사다리를 타면 마지막으로 아늑한 다락 공간에 다다르게 돼요. 잭이 거인의 집에 가기 위해 콩나무를 타고 하늘을 오르듯 계단과 사다리를 타야 하는 구조였습니다.

이 다세대주택은 신축하자마자 비영리 청년단체에 5년 동안 장기임대를 했고, 계약 종료 후 일반 임대 방식으로 전환하면서 별집에서 중개를 맡게 됐습니다. 처음 이 집을 봤을 때, 이런 독특한 구조에 거부감이 없는 사람이 들어와 살면 좋겠다는 생각을 했어요. 구조에 호기심과 재미를 느끼는, 비역세권 동네에 익숙한 사람이면 더할 나위 없다고 생각했습니다.

솔직히 집의 구조가 평범하지도 않고 지하철역과 거리가 멀어 큰 반응을 기대하지는 않았어요. 그런데 웬걸, 혼비백

남가좌동 ‘토끼집’ 거실과 다락 계단

현관층 (방, 화장실, 베란다)
현관층에 딸린 방

거실

산할 정도로 방문 신청이 몰려드는 거예요. 고심 끝에 한 날 한 시에 건물 앞으로 손님들을 모이게 한 후 방문 신청한 순서대로 집을 보여드렸어요.

뒤에 나 말고도 집을 보러 온 다른 누군가가 있다는 생각 때문인지 금세 매물이 동이 나버렸습니다. 마지막 한 분이 오매불망 집 보기를 기다리고 있었는데 말이죠. 9m 길이의 긴 거실 겸 주방을 가진 집을 신청했지만 구경도 못하고 허탈하게 발걸음을 돌려야 했던 손님, 나영 님에게 혹시라도 계약이 불발되면 꼭 연락을 드리겠다며 죄송한 마음을 전했습니다. 사실 계약이 불발되는 경우는 흔치 않은데, 4층 집을 계약하기로 했던 손님에게서 계약이 어려울 것 같다는 연락을 받게 됐어요. 집 보기 얼마 전에 프리랜서로 전향했는데 확인해 보니 생각했던 것보다 보증금 대출 한도가 턱없이 부족했던 거죠. 얼른 집을 못 보고 돌아가셨던 나영 님에게 원하던 구조는 아니지만 복복층 구조는 계약이 가능한 상황임을 알렸습니다. 인연이었던 건지 결국 나영 님이 '토끼집' 4층으로 이사를 오셨어요.

입주 청소를 하다 찾은 재미있는 침대 배치

나영 님은 콘텐츠 에디터로 일하는 분이었는데, 연희동에 오래 사셨다고 했어요. 그래서 비역세권, 버스를 타고 다니는 동네에 익숙할 거라고는 생각했습니다. 하지만 원래 방문 신청을 했던 집이 아닌 터라, 복복층 집의 구조를 어떻게 받아들이실지 내심 걱정이 됐어요. 하지만 걱정이 무색하게, 나영 님은 자기만의 활용 방법을 찾으며 이 집을 즐겁게 활용하셨습니다. 훗날 나영 님에게 단층 구조의 원룸이나 1.5룸에서는 여러 번 살아봤는데, 이렇게 머릿속에 그려보지 않았던 구조에서 살아볼 수 있어서 오히려 좋았다는 이야기를 듣고 마음 한 편에 남아있던 미안함을 날려버릴 수 있었어요.

화장실과 독립된 방이 있는 현관층, 주방과 거실이 있는 복층, 다락까지 세 개의 층 활용법을 어떻게 찾았는지에 대해 재미난 일화도 들려주셨어요. 이사 오고 나서 보니 집이 커서 혼자 청소할 엄두가 나지 않더래요. 그래서 짐 정리와 집 청소를 도와줄 분을 고용했는데, 그분이 집의 구조를 파악하자마자 공간을 효율적으로 사용하려면 다락층을 침실로 써야 한다고 강력하게 주장하셨다는 거예요. 나영 님은 맨 아래층에 있는 분리된 방을 침실로 쓰려고 매트리스를 그곳에 두었는데 말이죠. 엉겁결에, 매트리스를 기어코 다락층에 올려놓고 가야겠다는 성미 급한 도우미분과 같이 낑낑거리며 계단을 오르고 사다리를 올라 다락층에 매트리스를 안착시켰대요. 그런데 또 그 구조가 생각보다 괜찮아서 쭉 그렇게 지냈다고 하시더라고요. 하루에 한 번 잠자러 올라갈

복층 침실(사진: 임차인 제공)
현관층 방(사진: 임차인 제공)

수납장으로 만든 계단(사진: 임차인 제공)

때 귀찮음만 살짝 극복하면 되고 재택근무를 하다 쉽게 침대에 드러누울 일이 없어 잘 맞는 구조였다고요.

나영 님이 살던 이 집을 한번 방문한 적이 있었는데, 사다리 옆 벽면에 계단형 수납박스를 둬서 사다리 사용을 최소화시킨 아이디어를 보고 제가 격하게 감탄했어요. 사다리의 발 딛는 부분이 둥근 형태라 아프기도 하고 완전 수직으로 설치되어 있어서 말 그대로 보기만 좋은 사다리였거든요. 저는 나무 발판을 덧대 사용해야 하나 했는데 수납장을 계단으로 사용할 줄이야! 오르내리는 불편함도 줄이고 수납까지 하는, 일석이조의 효과가 있는 좋은 아이디어였어요.

토끼집 4층은 평면이 아닌 단면이 독특한 집이라고 할 수 있어요. 체적을 잘 활용해 작은 공간을 규모 있게 만들었어요. 바닥 면적으로만 따지면 10평 남짓한 크기인데 높은 천장고를 살려 다락을 만들어서 실제 생활하면서 느끼는 면적은 훨씬 넓어졌습니다. 수직으로 공간을 확실하게 분리해 사용할 수 있다는 점뿐만 아니라, 면적 대비 개방감이 좋고, 창을 좀 더 높고 크게 낼 수 있어서 채광과 환기에도 좋은 여러 장점을 두루 갖춘 구조입니다. 사다리를 이용할 때마다 정신과 몸이 깨어나는 건 덤으로 얻을 수 있는 이점이 아닐까요? 평면에 테트리스하듯 '효율적으로' 짜맞춘 구조에서 색다른 구조로 눈을 돌리면, 이런 재미를 발견할 수 있습니다. 익숙하지 않은 다양한 공간에 대한 경험이 풍부해질수록 나를 위한 좋은 집에 대한 기준도 명확해질 거예요.

5

독특한 평면과 단차, 비효율로만 볼 수 없는 이유: 연희동 원룸

곡선 벽을 가진 부채꼴 평면 집

앞서 단면이 독특한 집을 소개했다면, 이번에는 평면이 남다른 집을 소개해 보려 해요. 연희동에 있는 오픈형 구조의 원룸인데요. 안으로 갈수록 좁아지는 부채꼴 모양에, 벽의 한 면은 곡선으로 이루어져 있고, 바닥에 단차까지 있는 개성이 아주 강한 집입니다. 까다로운 구조라 고민이 필요할 법도 한데, 이 매물을 홈페이지에 올리니 방문하려는 대기자가 많아서 놀랐어요. 처음으로 방문한 손님이 집을 보자마자 계약하시겠다고 해 빠르게 임차인을 찾았습니다. 금융 회사에 다니는 직장인 지현 님은 현재 1년 가까이 연희동 집에 살고 있어요.

저는 이 집에서 가장 어려우면서도 재미난 부분은 곡선 처리된 벽면에 알맞은 가구를 찾는 일이 아닐까 생각했어요. 지현 님에게 어떤 가구를 배치해 공간을 활용하고 계신지를 가장 먼저 물었습니다. 그런데 지현 님을 고민스럽게 만들었던 부분은 정작 가구가 아닌 바닥의 단차였다고 해요. 현관문과 부엌, 화장실이 있는 공간보다 안쪽 공간이 한단 높은 구조를 어떻게 활용할지 고민하던 지현 님은 단차를 적극적으로 활용하는 법을 택했습니다. 단이 높은 곳은 침실로, 낮은 곳은 밥도 먹고 재택근무도 하는 생활 공간으로 분리해 사용하고 있어요.

연희동 원룸(사진: 임대인 제공)

이 집은 현관문을 열면 내부가 한눈에 파악되는 구조인데, 지현 님은 단차가 나는 부분에 180cm 정도 되는 키높이 수납장을 설치했습니다. 그러니 매트리스가 가려져 잠자는 공간이 한층 더 아늑하고 편안해졌어요. 공간 가장 안쪽에는 붙박이장이 설치되어 있는데요, 건축가가 의도한 것인지 붙박이장 문이 바닥보다 위에 달려 있어서 앞에 퀸 사이즈 매트리스를 두어도 문을 열고 닫는 데에는 아무 문제가 없었습니다.

특별함과 불편함 사이

지현 님은 이 집의 특별함에 대해서도 이야기해 주셨어요. 연희동 집은 원룸의 통념을 깨고 화장실 안에 매력적인 미니 욕조를 설치했어요. 원룸에 욕조가 있을 거라고 누가 상상이나 했을까요? 게다가 욕조에는 샛노란 색의 모자이크 타일이 붙어 있습니다. 보는 것만으로도 기분이 유쾌해지는 마법 같은 욕조랄까요. 저는 목욕 문화가 점점 사라지는 와중에 원룸에 설치된 욕조를 얼마나 사용할까 싶었는데, 고맙게도 손님은 생각보다 알차게 사용하고 계셨어요. 피곤한 날이면 입욕제를 물에 퐁당 넣고 기분 좋게 퍼지는 향을 맡으며 피로를 푼다는 이야기를 듣는데 제 몸이 다 노곤해지는 것 같았습니다.

주방과 화장실(사진: 임대인 제공)
화장실의 타일 욕조(사진: 임대인 제공)

현관문 앞의 삼각형 화단(사진: 임대인 제공)
남동향의 고측창(사진: 임대인 제공)

현관문을 열면 화단이 있어 계절감과 안온함을 느낄 수 있다는 것도 이 집이 가진 특별함 중에 하나예요. 현관 앞에 다다르기까지의 과정을 잠시 설명할 테니 함께 상상해 보세요. 먼저 대략 스무 계단을 오르면 우측에 나지막한 높이의 검정 대문을 만나게 됩니다. 이 대문을 열고 몸을 좌측으로 틀어 곡선 통로를 따라가다 보면 어느새 원룸 현관문이 나타나요. 동시에 이 현관문 앞쪽에 있는 삼각형의 작은 화단을 발견하게 되는데 식물들을 보는 순간 집에 다 왔다는 안도감을 느끼게 됩니다. 그리고 평소 임대인분이 화단을 정성스럽게 가꾸고 겨울에 눈이 오면 새벽 일찍 눈도 쓸어 놓아서, 누군가와 함께 살고 있다는 안정감이 들어 삶이 한결 안온하게 느껴진다고 해요.

구조가 남다른 만큼 불편한 점도 있겠죠? 적은 수납 때문에 불편을 겪고 계실 거라 생각했는데 의외의 대답이 돌아왔어요. 예전에 수납 공간이 적어야 진정한 미니멀 라이프가 가능해진다는 글을 읽은 적이 있었는데, 실제로 이 집에 살고부터는 뭘 잘 안 사게 되서 그 나름의 뿌듯함이 있다고 이야기하시더라고요. 연희동 집은 수납만큼이나 채광도 그리 풍족한 편이 아니에요. 집에 난 두 개의 창 중 주방의 남향창은 이웃집 축대가 인접해 있어 빛이 잘 들지 않고, 남동향의 고측창은 건물 외벽에 가려 직사광이 적게 들어와요. 그런데

이 또한 별 문제가 되지 않는다고 하시더군요. 독립해서 생활한 지 10년 정도 됐는데 생각해 보니 빛이 잘 드는 시간대에 집에 거의 없었다는 거예요.

곡선 벽면, 단차, 적은 수납, 부족한 채광 등 일반적인 기준으로 보면 아쉬운 집일 수도 있어요. 하지만 지현 님이 이 집을 택한 결정적인 이유는 바로 독특한 구조 때문이었습니다. 방문 신청을 했던 대기자분들도 비슷할 거예요. 지현 님은 본가에 살 때는 아파트에, 독립하고 한동안은 오피스텔에 살았었는데 편리하긴 하지만 이제는 뻔한 구조에서 벗어나고 싶었다고 해요. 본래 성격이 예민하지도 않고 불편함도 어느 정도 감수할 수 있는 사람이라 도전 정신을 불러일으키는 곳을 찾았다고 하셨습니다. 다른 삶을 살아볼 수 있는 여지가 있는 곳을 찾던 차에 연희동 집을 만났고, 집이 다르게 살아보라고 이야기를 건네는 것 같아서 큰 고민 없이 결정할 수 있었다는 이야기에 저도 속으로 박수를 보냈어요. 1~2년이 짧은 시간은 아니지만 그렇다고 긴 시간도 아니라고 생각해요. 장기간 거주할 집을 찾는 게 아니라면 이런 유니크한 집을 경험해 보는 것도 나다운 집을 찾는 데 분명 도움이 될 거예요.

개방성에 대한 새로운 생각: 연남동 ‘아이하우스 친친’

모든 벽이 투명한 집

서울 마포구 연남동에는 파티션 역할을 하는 벽이 모두 투명한 집이 있어요. 현관벽과 침실벽 그리고 화장실벽까지 모두 유리로 된 집이에요. 호텔과 리조트를 주로 설계하는 태국 건축가가 리노베이션한 공간이라 그런지 굉장히 독특합니다. 건물 운영 방식도 평범하지 않아요. 건물의 일부 호실은 주거 용도로 임대를 놓고 있고, 일부 호실은 게스트하우스로 활용하고 있어요. 도심에서 보기 힘든 파릇파릇한 대나무들로 둘러싸인 앞마당, 4m의 천장고와 통창으로 개방감을 확보한 라운지, 그리고 공용 공간에서 만나게 되는 외국인 게스트까지. 대문에서부터 마치 외국에 여행을 온 듯한 느낌이 드는 집이에요.

공간과 운영 방식이 독특해서인지 뮤지션, 기자, 외국인 유학생 등 시간과 장소에 구애받지 않고 자유롭게 일하는 직업을 가진 사람들이 이 집을 거쳐 갔어요. 집 내부 마감이 러프하기도 하고 온통 유리라 어떤 분이 들어오실까 궁금했는데, 이 집을 택한 손님은 이름만 대면 건축 비전공자도 알 만한 유명 건축 설계사무소를 다니는 효석 님이었어요. 마침 회사에서 연예인 집을 설계 중이었는데 그 집도 화장실 문이 투명한 유리라며, 본인이 먼저 그런 집에 살게 될 줄은 몰랐다고 하시더라고요. 일반적이지 않은 독특한 컨디션에

아이하우스 친친.
정면에 보이는 문이 현관문이다.(사진: 임차인 제공)

침실 벽, 화장실 벽이 모두 유리로 되어 있다.(사진: 임차인 제공)
침실(사진: 임차인 제공)

현관벽이 유리로 되어 있어 다양한 계절감을 느낄 수 있겠다는 생각에 계약을 결심하셨습니다.

효석 님은 집에 살면서 의외의 매력을 발견했어요. 현관부터 안쪽의 화장실까지 이어지는 여러 겹의 유리 레이어가 공간에 깊이감을 더해 줍니다. 유리벽 덕분에 전체가 한 번에 읽히면서 공간이 더 넓게 느껴지는 의외의 효과도 있고요. 소파에 앉아 대나무가 보이는 앞마당을 바라보며 음악에 취하는 날도 많았고, 그윽한 분위기를 좋아해서 현관쪽에 암막 커튼을 친 후 테이블 조명 하나에 의지해 지내는 시간도 많았대요. 상반된 두 개의 분위기를 가질 수 있다는 것도 효석 님에겐 굉장한 장점이었다고 해요.

불편함을 이기는 즐거움

유리 파티션을 보고 누군가는 불편함을 제일 먼저 떠올렸을 거예요. 하지만 효석 님은 지인들이 집에 찾아왔을 때 화장실을 보고 당황하는 모습이 재미있었고, 설계를 하는 입장에서 좋은 경험이었다고 하시더라고요. 효석 님의 이야기를 듣고 약 10년 전, 제가 외국에서 겪은 에피소드 하나가 떠올랐어요.

화물 열차가 다니던 고가 철로를 시민들을 위한 공원으로 탈바꿈시킨 뉴욕의 하이라인 파크를 친구와 함께 걷고 있었어요. 우리나라의 서울로7017처럼 고가 산책로 양옆으로 건물들이 붙어 있고 커튼을 치지 않은 창문 너머로 내부가 훤히 들여다보입니다. 개중에는 주거용으로 보이는 건물들도 있었는데 앞만 보고 걷는다 해도 시선이 어쩔 수 없이 건물에까지 머무르게 되더군요.

친구와 여기 사는 사람들은 되게 불편하겠다며 쓸데없이 남 걱정을 하던 순간 앞서가던 관광객들이 어떤 창문을 향해 갑자기 웃기 시작했어요. 건물을 올려다보니 상의를 탈의한 한 남자가 지나가다 눈이 마주친 관광객에서 환하게 웃으며 손을 흔들어 주고 있는 거예요. 문득 '저 사람은 지나가던 행인과 눈이 마주치는 걸 불평하기보다는 이곳에서의 삶을 즐기고 있구나'라는 생각이 들었어요.

화장실 벽과 문이 유리라 소리에 취약하기도 하고, 가끔 낯선 외국인이 집 앞을 서성거리고, 온갖 벌레를 자주 만나지만 '아이하우스 친친'에서의 시간이 소중했다고 말하는 효석 님과 그 외국인이 겹쳐 보였어요. 좋은데 좋은 걸 모르면 좋은 게 아니라는 말처럼 우리 주변을 감싸고 있는 소소한 재미와 즐거움들을 알아차리는 것도 중요한 일인 것 같아요. 일반적이지 않은 공간일수록 주변 이야기에 휘둘리기 쉬워요. 다른 사람의 말보다는 나의 기준으로 공간을 선택하고 그 공간을 오롯이 느껴보길 바랍니다.

아이하우스 친친의 테라스.
게스트하우스 손님과 입주민들이 사용하는 공용 공간이다.

내 집에 내가 원하는 것은

집은 휴식에 더해 여가, 업무, 건강 등 다양한 역할을 요구받고 있습니다. 코로나19로 노동과 교육의 기능이 집으로 흡수된 것이 변화의 큰 계기였어요. 여기에 인구 구조가 바뀌어 1~2인 가구가 늘면서 대형 평형 아파트나 원룸형 오피스텔보다는 1.5룸과 투룸 구조에 대한 선호가 커지고 있습니다. 최근 60m²(약 18평) 이하의 소형 아파트와 오피스텔의 인기가 치솟고 있어요.

사람들은 이제 혼자 살더라도 집의 면적이 적어도 33m²(약 10평)은 되어야 하고, 생활 공간과 일하는 공간 혹은 물건들을 분리하기 위해 방 하나는 벽으로 분리되어 있어야 한다고 생각해요. 마음을 환기시키거나 빨래를 건조하기 위한 외부 공간(발코니, 베란다, 테라스 등)이 있는 것을 선호합니다. 주차는 선택이 아닌 필수가 되었고요.

이런 상황은 다양한 집의 구조가 자리잡을 수 있는 배경이기도 해요. 불과 몇 년 전까지만 해도 16m²(약 5평) 미만의 작은 원룸도 깔끔한 인테리어에 풀옵션이라는 두 가지 조건만 갖추면 금세 계약이 됐는데요, 이제 집을 찾는 임차인들은 '풀옵션 원룸'보다는 공간 분리가 가능한 구조를 선호합니다. 별집 손님들도 마찬가지예요. 내가 원하는 가구 하나 들일 수 없을 정도로 꽉 찬 집보다는 덜어낸 집을 원하는 거죠.

집을 나를 표현하는 또 하나의 수단으로 생각하신다면, 틀에서 벗어난 구조의 집도 고려해 보세요. 집에 맞는 가구 배치를 찾고, 집의 새로운 매력을 발견하는 과정이 삶에도 활력을 줄 거예요. 새로운 구조를 찾는다면, 집을 보러 갔을 때 '사각형 평면', '남향' 등 기존의 기준을 적용하기보다는 심리적인 구조를 확인하는 게 좋습니다. 예를 들어 현관에 들어섰을 때 내가 마주하고 싶은 풍경은 어떤 것인지 생각해 보고, 식탁에 앉았을 때 화장실을 마주하게 되진 않는지, 작더라도 빨래를 건조할 수 있는 외부 공간이 있는지, 나의 신체 비율에 적당한 면적과 높이를 가졌는지, 집으로 향하는 길에 만나게 되는 계단과 복도 공간이 휑뎅그렁하고 살풍경하지는 않은지 등을 살펴보는 거죠.

아직 이사를 생각하고 있지는 않다면, 지금 살고 있는 집에서 공간의 쓰임새를 새롭게 하는 시도를 하는 것도 좋아요. 거실을 방으로, 방을 거실로 사용하는 건 어떨까요? 그렇게 조금씩 집의 체질을 바꾸다 보면 생각보다 괜찮은 공간 조합을 발견할지도 몰라요.

Part 2.

좋은 집이란?

: 특별함을 알아보는 눈 기르기

7

공간 감수성: 아파트에서 벗어나면 생기는 일

삶을 풍요롭게 만드는 공간

다양한 공간에서의 경험은 우리 삶의 폭과 깊이를 확장시켜 줍니다. 누구나 좋아하는 공간이 있어요. 들어서면 마음이 포근해지거나, 즐거워지거나, 오래 머물고 싶어지는 공간 말이죠. 그런 곳에서는 같은 일을 해도 즐겁고 편안할 거예요. 무엇보다 삶의 질이 높아집니다.

우리가 가장 많은 시간을 보내는 공간은 집이에요. 집에서 보내는 시간은 삶의 질을 크게 좌우합니다. 예전에는 집을 볼 때 '잠만 자면 돼요'라고 말하는 손님들이 종종 있었는데 몇 년 사이 집에 대한 인식이 많이 달라졌어요. 집의 분위기를 만드는 창의 크기나 위치, 천장고, 발코니와 같은 요소를 신경 쓰는 분들이 많아졌습니다.

저는 이런 관심을 '공간 감수성'이라고 생각해요. 이 공간이 왜 좋은지 혹은 왜 싫은지, 나에게 맞는 공간은 어떤 공간인지 알아채는 능력이죠. 나와 공간의 관계를 인지하는 능력이기도 합니다. 공간 감수성이 생겨나면 평소에는 무심코 지나쳤던 물리적 공간들을 심리적으로 해석하게 돼요. 나를 둘러싸고 있는 공간을 탐색하고 알아가고 경험하고자 하는 관심이 생겨나면, 다른 사람의 기준이 아닌 나의 기준으로 공간을 선택하고 꾸려갈 수 있어요.

아파트 평면 밖 세상

공간 감수성은 다양한 공간을 경험해 봐야 기를 수 있습니다. 하지만 쉬운 일은 아니에요. 수도권의 경우 대부분의 사람들이 아파트와 같은 공동주택에 살고 있어요. 실제로 한국의 주택 종류별 구성비를 보면 아파트가 62퍼센트를 차지합니다. 아파트는 가상의 표준 가족을 위한 효율적이고 편리한 공간을 제공하는데요, 이런 곳에서만 살다 보면 다양한 주거 공간에 대한 경험이 부족해져요. 아니, 전무해집니다. 이사를 다녔다 해도 아파트에서 아파트로 다녔다면, 어떤 집을 보든 아파트 평면을 비교 대상으로 떠올리게 돼요.

저 역시 마찬가지였어요. 학부 수업 시간에 단독주택을 설계하면서 아파트 평면을 가장 먼저 떠올렸거든요. 첫 설계 수업이라 며칠 밤을 새워 가며 열심히 설계했는데, 외형만 2층짜리 단독주택이지 내부는 제가 살고 있는 아파트와 별반 다를 게 없었어요. 태어나서부터 고등학교 때까지 단 한 번도 아파트를 벗어나 본 적이 없었으니 당연한 일이었겠죠.

아파트가 아닌 집은 보기 좋지 않은 곳, '정비해야 하는' 곳으로 여기는 시각마저 있어요. 여느 때와 같이 엄마와 장을 보러 가던 어느 날이었어요. 저희는 오래된 주택가에 혼자 우뚝 솟아 있는 아파트에 살고 있었는데 동네 골목길을 지나며 엄마가 이렇게 말씀하시는 거예요. "여기도 전부 재

유년 시절을 보낸 아파트

개발돼서 깨끗하게 아파트가 들어서면 좋겠다.” 그 말을 듣고 정말 놀랐어요. 다른 사람도 아니고 건축과에 다니는 딸을 둔 우리 엄마가 이런 생각을 하고 계셨다니 조금은 충격적이기까지 했어요. 위기의식을 느낀 저는 바로 온 세상이 아파트로 바뀌는 게 결코 좋은 게 아니라며 얼굴이 벌개져서 열변을 토했어요.

사실 저는 ‘아파트 키즈’인지라 아파트에 대한 거부감이 없는 사람이에요. 오히려 유년 시절을 보냈던 저층형 아파트에서의 경험은 큰 자산이자 무엇과도 바꿀 수 없는 소중한 추억입니다. 아파트는 땅 면적 대비 인구 밀도가 높은 우리나라에 꼭 필요한 주거 모델이라 생각해요. 순기능도 많고요. 아쉬운 점이 있다면 주거 환경이 폐쇄적이고 획일화되어 있다는 것. 특히 다양성이 매우 부족하다는 거예요.

획일화된 공간은 상상력을 제한해요. 이미 많은 사람들이 아파트에 잘 살고 있기에 나 또한 별다른 의문을 갖지 않고 주어진 환경에 적응하며 수동적으로 살아가게 만듭니다. 다른 사람들의 가치판단 기준이 곧 내 기준이 되죠. 전 재산과 다름없는 큰돈이 들어가는 만큼 집을 고를 땐 그간의 공간 경험을 총동원하기 마련인데, 어떤 집을 보든 머릿속에 가장 먼저 아파트 평면을 떠올리고 최대한 아파트와 비슷한 공간을 찾아요. 본인의 라이프스타일이나 취향이 반영된 공간이 아니라요. 여러 공간에 대한 경험치를 쌓아야 내가 어떤 공간에서 즐거움을 느끼는지 알 수 있을 텐데 아파트에서는 한정된 공간 경험밖에 할 수 없어요.

다행히도 요즘 색다른 공간감과 구조를 경험할 수 있는 다가구/다세대 주택이 많이 지어지고 있습니다. 앞서 살펴본 독특한 집들이 그런 예시예요. 10평 미만의 작은 원룸에서도 단차를 이용해 공간을 분리하거나 평면에 곡선을 사용하는 등 다양한 시도가 이뤄지고 있어요. 이런 색다른 구조를 '죽은 공간'이나 비효율적이라고 생각하지 않고, 나의 라이프스타일을 고려해 경험해 보시면 공간 감수성을 기르는 데 큰 도움이 될 거예요.

8

배경 지식:
잘 지은 집을 알아보려면

집다운 집

이 세상에 완벽한 집은 없습니다. 어떤 집이건 좋은 점과 불편한 점이 공존하기 마련이에요. 모든 사물은 양면성을 가지고 있으니까요. '이번엔 완벽한 집을 찾아야지'라는 생각보다는 최선의 선택을 하려는 마음가짐이 필요합니다. 무조건 비싸다고 해서, 유명한 건축가가 지었다고 해서 그 집이 나에게도 살기 좋은 집이란 보장은 없어요. 나에게 보다 합리적이고, 경제적이며, 쾌적한 집인지를 따져봐야 해요.

가장 먼저 '먹고 자는 곳'이라는 집의 기본 정의에 충실한 공간인지 확인해보세요. 단열이 빈약하지는 않은지(벽 두께가 너무 얄팍하지 않은지), 누수 흔적과 곰팡이는 없는지, 빛이 얼마나 들어오는지, 환기는 잘 되는지, 수압은 쓸 만한지 등 당장 눈으로 확인할 수 있는 부분들부터 살펴보는 거죠. 이런 기본적인 요건들이 충족되었을 때 구조나 인테리어를 살피는 단계로 넘어가세요. 당연한 이야기 같지만 생각보다 인테리어에 현혹되어 이런 부분들을 간과하는 경우가 많아요.

구옥의 경우 특히 더 꼼꼼하게 체크해야 해요. 예전에 저도 집을 구할 때 면적과 인테리어만 신경 쓰다가 쓰라린 경험을 한 적이 있어요. 당시 오빠와 작은 집에 살고 있었는데 방이 세 개나 딸린 큰 집을 보자마자 '이 집을 어떻게 꾸밀까?'란 설렘에 묻지도 따지지도 않고 그 집을 덜컥 계약해버렸어요. 군데군데 여러 종류의 벽지가 덧붙여져 있었지만 오래된 빌라라 그런가 보다 하고 대수롭지 않게 생각했습니다. 주인 할머니가 맘대로 하고 살라 하셔서 어차피 도배도 새로 하고 조명에 변기까지 교체할 생각이었거든요.

반년 정도는 정말 잘 지냈어요. 문제는 그해 여름부터 터지기 시작했는데 정말 하늘에 구멍이라도 뚫린 듯 비가 쉴 새 없이 내린 해였어요. 거실 천장이 살짝 젖었을 땐 뭐가 묻은 건가 했는데 며칠 새 옆 벽면까지 흠뻑 젖어버린 거예요. 뉴스에서만 보던 누수 피해자가 우리가 될 줄이야. 빌라 세대별 소유자가 다르다 보니 오랜 세월 외벽과 옥상 방수를 안 하고 방치한 탓이 컸어요. 집주인이 거주하는 집이었다면 주기적으로 방수 공사를 하며 집을 가꿨을 텐데 서로 나 몰라라 하는 상황이 화도 나고 안타까웠습니다. 재개발 지역은 소유자들이 투자 목적으로 매수한 집들이 많아 세만 놓고 건물 관리에는 신경 쓰지 않는다는 걸 그때 뼈저리게 느꼈어요.

진짜 문제는 거실 누수가 아니었어요. 겨울이 되자 결로 현상 때문에 여기저기 곰팡이가 피기 시작한 거죠. 아침저녁으로 닦아내도 창틀 사이엔 끼얹은 듯 물이 가득 고였고, 보이지도 손이 닿지도 않는 붙박이장 뒤쪽에서 피기 시작한 곰팡이는 이내 옷장을 점령했어요. 곰팡이가 생긴 옷들을 다 갖다 버리고, 보일러가 쉴 새 없이 돌아갈 정도로 수시로 환기를 시켰습니다.

벽면과 붙박이장에 생긴 곰팡이를 깨끗이 제거하고 도배를 다시 했어요. 그런데 얼마 못 가 그 자리에 그대로 곰팡이가 피기 시작하는 게 아니겠어요? 그럴 때마다 도배를 새로 하기에는 비용이 부담스러워서 결국 셀프 도배를 하게 됐고, 어느 날 정신을 차리고 보니 저희가 처음 이 집을 방문했을 때와 똑같은 누더기 상태가 됐다는 걸 알게 됐어요. 모양과 크기가 다른 반창고마냥 각기 다른 벽지들이 이곳저곳에 붙어 있었던 게 그제야 이해가 되더군요. 웃픈 이야기지만 당시의 혹독한 경험 덕분에 이제는 냄새만으로도 이 집에 곰팡이가 피었는지를 식별할 수 있는 곰팡이 감별사가 되었어요.

건축가가 지은 집: 기본을 갖춘 다양함

별집이 건축가가 지은 집에 주목하는 데에는 몇 가지 이유가 있어요. 막연하게 건축가가 지었으니 다른 집보다 우월하다고 생각해서가 아니에요. 첫 번째로 집이라면 응당 갖춰야 할 기본 품질이 보장되기 때문이에요. 단열이나 방음과 같은 기능적인 부분들이 잘 갖춰져 있어 집의 구조나 분위기 등 거주자의 취향을 고려할 수 있는 여지가 더 많습니다. 건물을 지어 분양하고 나면 그만인 집장사와 달리 건축가가 설계한 건물은 오래도록 본인의 작품으로 남기에 전 과정에 공을 들이게 돼요. 그만큼 품질에 대한 신뢰도가 높죠. 건물이 완공된 이후에도 설계를 의뢰한 건축주와 지속적으로 관계를 맺으며 어떻게 사용되고 있는지, 불편한 점은 없는지 모니터링하는 건축가도 있어요.

두 번째는 주변 맥락과 사용자를 고려해 설계하기 때문에 똑같은 집이 없다는 거예요. 다양한 공간 경험을 강조하는 별집에겐 참 고마운 공간이 아닐 수 없습니다. 건축가의 집에는 의외성이 주는 재미가 있어요. 편리함과 효율성으로 대체할 수 없는 특별한 매력이 있는 거죠. 건축가가 집을 설계하는 데에는 건축 지식이나 전문 기술만 필요한 게 아니에요. 건축가는 사람의 행동과 심리를 관찰하고 분석하며 공감할 수 있는 집요함과 유연함을 갖고 있어요. 집에 대한 철학을 담아 고심하여 지은 건축가의 집이 집장사가 '컨트롤 C, 컨트롤 V' 해서 만든 집과 다를 수밖에 없는 이유입니다.

세 번째로 건축주의 집에 대한 태도입니다. 별집에서 만난 대부분의 건축주는 좋은 건축에 대한 믿음이 있는 사람들이었어요. 원·투룸 같은 수익형 부동산의 경우 건축주가 수익률을 중요하게 생각하는 건 당연하겠죠. 하지만 건축가를 찾는 분들은 수익 측면 외에도 내 건물에 함께 사는 임차인들도 좋은 공간에서 즐겁게 지냈으면 하는 마음이 있습니다. 그런 건축주가 지은 건물에서는 확실히 배려가 느껴져요. 집

건축가가 지은 집. 서울 양천구 신정동 '닷웨이브'
서울 강동구 둔촌동 '아크모멘트'

을 잘 짓는 것 못지않게 유지 관리도 중요한데요, 아무리 잘 만들어진 공간도 사용자가 험하게 사용하면 건물 수명이 금세 단축되고 말아요. 건축가와 함께 공들여 집을 지은 건축주는 내가 사는 공간이 아니어도 건물을 애정으로 잘 가꿔나 갑니다.

집이 지어지기까지

집이 지어지는 과정을 살펴보면 왜 건축가가 지은 집에 더 많은 고민이 들어가 있는지 이해하실 거예요. 하나의 건물을 완공하기 위해서는 생각보다 많은 사람의 손을 거쳐야 해요. 가장 먼저 땅을 가진 건축주가 건축가를 찾아가 건축 설계를 의뢰합니다. 간혹 땅을 확보하는 단계부터 건축가와 함께 하기도 해요. 의뢰를 받은 건축가는 설계 계약을 체결하기 전에 어떤 건물을 지을 수 있는 땅인지 규모를 검토해요. 이 단계에서 건물의 대략적인 면적과 층수, 주차 대수, 설계비 등을 산정하게 되죠.

계약이 체결되면 본격적으로 설계가 시작되는데요. 대지 측량 후 건축주와 여러 번의 미팅을 거쳐 건물의 구성, 형태, 재료 등을 구체화합니다. 이렇게 기본 설계안이 나오면 분야별 세부 도면을 만들고 인허가 준비를 시작해요. 인허가 접수 후에는 디테일한 사항들을 결정하고 상세 도서를 작성하는 실시 설계 단계로 돌입합니다. 이 단계에서 토목, 구조, 기계, 전기/통신 등 각계 전문가와의 협업이 이뤄져요.

실시 설계 도면이 정확하고 상세할수록 건물의 품질이 높아집니다. 상세도 없이 일명 '허가방'이라 불리는 건축사사무소에서 작성한 인허가 도면만으로 공사를 하게 되면, '건물을 짓다가 10년 늙는다'는 말을 실감하게 될 거예요. 설계비를 아끼려다 오히려 더 큰 비용을 지불하게 될 수 있어요. 임의 시공이 많아지면서 추가 공사비와 분쟁은 계속해서 발생하고 건물의 퀄리티도 떨어지게 됩니다. 짓고 나서도 하자의 책임 소재를 따지느라 제때 하자를 보수할 수 없을지도 몰라요.

설계 못지않게 중요한 과정이 하나 더 남아있습니다. 바로 건물을 도면대로 잘 지어줄 시공사를 찾는 일이에요. 수천만 원을 들여 건축가에게 설계를 의뢰해도 시공을 잘못하면 말짱 도루묵. 건축가와 손발을 맞춰본 시공사를 추천받거나 건축 명장으로 선정된 시공사를 선택하는 게 아무래도 안정적인 것 같아요. 비용(최저가)만 보고 시공사를 선정한 경우 도면에 대한 이해도가 떨어지거나, 설계안대로 구현하지 못해 시공 과정에서 어려움을 겪는 경우가 꽤 있습니다.

실력과 노하우를 갖춘 믿을 만한 시공사와 계약했다면 이제 감리자를 선정할 차례예요. 건물이 도면대로 잘 지어지는지 관리·감독하는 감리자가 현장에 꼭 필요해요. 시공사와 감리자 선정까지 모두 마쳤다면 착공 신고를 하고 공사에 착수합니다. 기초공사와 토공사가 마무리되면 골조공사가 시작되고, 뼈대가 완성되고 나면 천장, 벽, 바닥 순서로 외부 및 내부 마감 공사가 진행돼요.

그렇게 모든 공사가 완료되면 주무관청에 사용승인을 접수합니다. 특검(현장 조사)에서 문제가 발생하지 않는다면 사용승인 필증을 교부받게 되고, 건물을 인계받은 건축주는 새롭게 생성된 건축물대장을 갖고 취득세를 납부하고 소유권 보존등기를 신청해요. 그렇게 건축주는 비로소 진정한 건물 소유자가 됩니다. 이 과정을 비용만 생각해서 최저가로 진행하는 것과, 집에 살 사람을 생각하며 진행하는 데엔 큰 차이가 있어요. 건축가가 지은 집, 건축가에게 의뢰하는 건축주의 집을 추천하는 이유입니다.

잘 지어진 집, 나에게 맞는 집

건물 짓는 과정은 복잡하지만, 살면서 느끼는 건 간결해요. 집으로서의 기능을 잘 하는지, 나에게 잘 맞는지. 꼭 건축에 대한 전문적인 지식이 없어도, 공간을 읽고 상상하는 훈련을 하면 충분히 느낄 수 있어요. 글쓰기와 훈련 과정이 비슷한 것 같아요. 글쓰기의 가장 좋은 점은 자신을 정말 많이 들여다보게 된다는 건데요, 묻고 답하는 과정에서 막연했던 생각들이 정리되고 내가 원하는 게 무엇인지 뚜렷해져요. 공간도 마찬가지랍니다. 공간을 사진으로만 기억하지 말고 평면을 직접 손으로 그려보거나 도면을 구해서 그 안에 본인의 가구를 배치해 보세요. 그리고 간단하게라도 특징이나 분위기 등을 글로 기록해보세요. 그러면 어느 순간 공간을 해석하는 능력이 생긴 자신을 발견하게 될 거예요.

신정동에 있는 '닷웨이브' 집을 보기 위해 부산에서 올라오신 손님이 있었어요. 예상했던 대로라는 듯 집을 슥 둘러보고는 가방에서 주섬주섬 5m 줄자와 아이패드를 꺼내시더군요. 열심히 이곳저곳의 치수를 재며 아이패드에 꼼꼼하게 기록하시길래 건축 전공자거나 공간 관련 일을 하는 분이라 생각했어요. 호기심에 치수 재는 걸 도와드리며 어떤 일을 하는지 넌지시 물었습니다. 그런데 돌아온 대답은 제 예상과는 전혀 달랐어요. 번역과 강사 일을 하시는 윤지 님이었습니다.

공간과 인테리어에 관심이 많아 좋아하는 공간을 3D 앱으로 꾸미는 취미를 갖고 계셨던 거예요. 수줍은 표정으로 무언가를 보여주셨는데 놀랍게도 저희가 지금 서 있는 집을 3D로 올려서 가구와 조명 배치까지 해 오신 게 아니겠어요? 별집 웹사이트에 올려진 도면을 출력해서 가져오시는 손님들은 있었지만 그 평면도를 3D로 올려서 가구와 조명 배치까지 해 온 분은 처음이었어요. 윤지 님은 전문가가 아님에도 불구하고 3D로 여러 공간을 구현하는 연습을 하다 보니, 이제는 잘 지어진 곳인지 아닌지를 파악할 수 있는 힘이 생겼다고 하시더라고요. 그 이야기가 참 인상 깊었어요.

집이 나와 잘 맞는지 판단하기 위해서는 우선 마음의 문을 활짝 열어야 해요. 변화와 새로움을 받아들일 준비가 필요합니다. 단편적인 지식이나 간접 경험은 때로 선입견을 가져오기도 하니까요.

건축가가 설계한 집이라거나 부자가 큰돈을 들여 집을 지었다고 해서 전부 좋은 점만 있는 건 아니에요. 세계적인 건축가 르 코르뷔지에가 설계한 '사보아 주택Villa Savoye'도 살기 불편한 집이었다고 해요. 비가 새고, 곰팡이가 피고, 빗소리에 잠을 잘 수 없을 정도로 소음 문제가 심각해 공사를 다시 해달라고 건축가에게 수차례 항의 편지를 보냈다는 일화가 유명합니다. 건축계의 노벨상으로 불리는 프리츠커상을 수상한 안도 다다오의 노출 콘크리트 건물도 살기 불편하다는 비판을 피하지 못했어요.

결국 완벽한 집은 없기 때문에 경험을 통해 본인에게 좋고 나쁜 걸 발견하는 과정이 필요해요. 독특한 집에서 불편한 점을 넘어서는 매력을 발견한 별집 손님들처럼요. 건축가

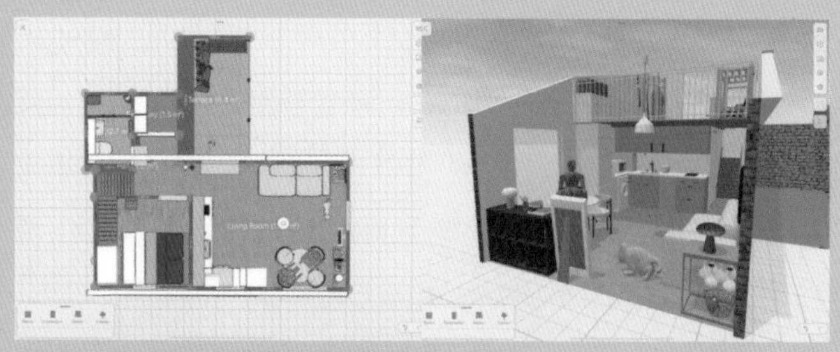

윤지 님이 3D 앱으로 구현한 신정동 '닷웨이브'
집의 실제 모습

가 지은 공간이라고 해서 무조건 미화하고 싶지는 않아요. 다만 정성을 들여 만들어진 공간, 특별함이 있는 공간이기에 느낄 수 있는 기쁨은 분명히 있어요. 마치 핸드드립 커피 같다고 할까요? 누군가의 땀과 노력으로 만들어진 곳에서 사는 기쁨을 더 많은 분들이 느끼면 좋겠어요.

살아보지 않고 건축가의 공간을 경험하는 법

집은 누군가 거주하고 있는 아주 사적인 공간이라 단순 방문이 쉽지 않아요. 공인중개사인 저도 소유자나 임차인이 살고 있는 집을 방문할 때면 매번 조심스러워요. 직접 살아보지 않고도 건축가가 지은 집을 간접적으로나마 경험할 수 있는 방법은 없을까요? 저는 '오픈하우스 서울'을 적극 활용하라고 답하고 싶어요.

'오픈하우스 서울'은 평소 방문하기 힘든 장소와 건축물을 모두에게 개방하는 건축물 개방 축제예요. 런던과 뉴욕, 멜버른 등 전 세계 주요 도시에서 진행되고 있고 우리나라에서는 2014년에 처음 시작됐어요. "도시의 문턱을 낮추고 건축을 만나다"라는 슬로건이 말해주듯 누구나 즐길 수 있는 축제입니다. 초반에는 참가자 대부분이 건축 전문가나 건축과 학생이었지만 몇 년 사이 정말 다양한 사람들이 축제를 찾고 있어요. 집에 대한 사회적 관심이 높아지면서 개방하는

오픈하우스 서울에서 개방했던
서울 동대문구 전농동 '유일주택'

주택의 종류도 점점 더 다양해지고 있습니다. 축제는 매년 10월, 모두가 사랑하는 계절 가을에 열리는데요, 뿌듯하게도 별집에서 중개하는 매물도 다수 리스트업되어 있어요.

아는 만큼 보인다고 참가 신청한 집에 대해 찾아볼 수 있는 정보가 있다면 미리 공부하고 가는 것을 추천해요. 현장에 가서도 혼자 배회하기보다는 최대한 안내자를 따르며 건물이 어떤 맥락에서 지어진 것인지, 우리에게 던지는 메시지는 무엇인지 등 설명을 경청해 보길 추천해요. 마지막으로 자유 시간이 주어졌을 때 디테일한 부분들을 살피며 내 맘대로 해석하고 질문을 던지다 보면 공간을 그저 보고만 온 게 아니라 경험하고 왔다는 느낌을 받게 될 거예요.

9

Part 2.

공간 감각 키우기: 집에서 하는 여행

집 다시보기

다양한 형태의 집을 경험하는 것도 중요하지만, 바로 실천하기는 쉽지 않죠. 꼭 살아보지 않고도 공간 감수성을 키우는 법이 있어요. 공간을 느끼고 이해하는 데에 동원되는 감각을 활성화시키는 겁니다.

우리는 어떤 공간에 들어가면 먼저 눈으로 공간을 둘러보고, 그곳에서 일, 작업, 대화, 휴식 등 목적에 맞는 일을 하면서 공간을 사용합니다. 그럴 때 동선, 가구의 위치, 창문의 방향, 층고 등을 눈여겨보세요. 공간에 '당연한 것'은 없습니다. 호기심 어린 눈으로 주변을 살피다보면 편안하게 느껴지는 공간은 왜 편안한지, 불편한 공간은 왜 불편한지 조금씩 알 수 있을 거예요.

먼저 가장 가깝고, 오랜 시간을 보내는 공간인 '집'을 새롭게 보시기를 권해요. 저는 대학교 2학년 때 독립을 시작했어요. 중간중간 부모님 댁에서 지내기도 했지만 독립 후 지금 살고 있는 곳을 포함하면 총 9개의 집을 만났고 8번의 헤어짐이 있었어요. 건축과 학생이었음에도 불구하고 그때 살았던 집들을 떠올려보면 참 무미건조했던 것 같아요. 내 공간을 꾸민다는 개념조차 없었고 벽에 그 흔한 포스터 한 장 붙어 있지 않았어요. 최대한 멀끔한 집에 들어가 주어진 옵션대로만 살다가 나왔던 기억이 있습니다.

자주 응시하는 지금 집의 창밖 풍경

학생 때 살던 집이 흑백 세상이라면, 지금 사는 집은 컬러 세상 같다는 생각이 들어요. 흑백이었다가 차츰 색을 가지게 되는 영화 「플레전트빌」 속 마을처럼 제가 거쳐왔던 집들도 점차 색을 가지게 됐어요. 집에 대한 애정도와 관심도가 올라가면서 공간의 색이 다양해지고 짙어졌습니다.

업무 특성상 일하는 장소에 구애를 받지 않는 탓에 직장으로 출퇴근하는 사람들보다 집을 온전히 느낄 시간이 많은 편이에요. 지금 사는 곳은 비록 지은 지 30년 넘은 오래된 빌라지만, 미처 알지 못했던 우리 집의 숨은 매력을 발견할 때마다 좋은 곳에서 잘 지내고 있다는 안도감에 덩달아 자존감까지 높아지고 있어요. 집은 한결같은 장소라 생각했는데 온몸의 감각을 곧추세우고 보니 창밖 풍경도, 소리도, 방 안의 명암도, 냄새도, 분위기도 계절과 날짜, 시간에 따라 모두 다르더라고요.

지금 집에서는 예전보다 자주 창밖을 응시합니다. 그 덕분에 여름내 나와 눈이 마주쳤던 나무가 감나무라는 놀라운(?) 사실을 알게 됐어요. 낮 시간에는 불을 켜는 것보다 창을 투과한 자연광에 의지해 생활하는 걸 선호하는데, 빛만 가득 찬 방보다는 빛과 그림자가 만들어내는 자연의 그림을 가진 방을 더 좋아한다는 것도 알게 됐고요. 특히 바람이 만들어내는 박자에 맞춰 반투명 커튼 너머로 그림자가 니울너

울 춤을 추는 모습이 그렇게 매혹적일 수가 없어요.

겨울을 제외하고는 온종일 창문을 활짝 열어두고 있어요. 환기도 시키고 음악을 듣는 것처럼 주변 소리에 귀를 기울이기 위해서요. 여름엔 주말만 되면 뒷집 마당에 설치된 풀장에서 첨벙거리며 노는 요란한 아이들의 웃음소리가 들려와요. 그 소리를 들으며 '그래, 애들은 저렇게 놀아야지' 하며 흐뭇해하고, 아침 7시가 되면 어김없이 들려오는 이웃집 할아버지의 슥- 슥- 하는 비질 소리를 들으며 적요한 아침 분위기와 참 잘 어울린다는 생각을 합니다. 한번은 분명히 비가 온다는 예보가 없었는데 갑자기 빗방울이 떨어지는 소리가 들리기 시작한 거예요. 이게 무슨 일인가 싶어 키보드를 두드리다 말고 뒤를 돌아보니(현재 책상이 창문을 등진 채로 배치되어 있어요) 낙엽이 지는 소리였어요. 가을바람에 나뭇가지에 간신히 매달려 있던 마른 잎들이 팔랑거리며 허공을 떠돌다 바닥에 내려앉는 소리가 비 오는 소리처럼 들렸던 거죠.

지금도 저는 시각과 청각은 물론 후각, 미각, 촉각까지 모든 감각을 동원해 집의 새로운 면면을 발견하려 애쓰고 있어요. 비염 탓에 다섯 개의 감각 기관 중 후각이 가장 뒤떨어지지만 집에 들어서면 일단 숨을 크게 한번 들이마셔요. 어느덧 처음 이 집에 왔을 때 나던 낯선 향이 사라지고 제가 쓰는 물건들의 향으로 채워져 숨쉬는 것만으로도 기분이 좋아져요.

창을 등지고 있는 책상

빛과 그림자가 만들어내는 자연의 그림

그리고 예전에는 혼자 먹는 밥이 그렇게 맛이 없었는데 이제는 술맛을 배가시키는 조도까지 발견해 혼술을 즐기고 있어요.

저처럼 내 집을 여행하는 즐거움을 느껴보고 싶다면 먼저 빛과 그림자의 변화를 관찰하는 일에서부터 시작해 보세요. 저도 그림자의 움직임을 쫓다가 이 여행을 시작하게 됐답니다. 빛이 언제 집 안을 밝히기 시작해 언제 완연해지는지 그리고 언제 노을빛으로 바뀌는지, 집 안에 어떤 그림자가 만들어지는지, 그림자가 춤을 추는 모습은 어떤지 등 관찰할 거리가 무궁무진해요.

시각을 이용한 탐색에 익숙해졌다면 이번엔 청각을 동원해 보세요. 적요한 평화를 느낄 수 있는 시간대가 언제인지, 빗소리와 바람에 흩날리는 낙엽 소리가 어떻게 들리는지, 새가 찾아와 재잘대는 때는 언제인지, 사람들이 무슨 이야기를 하며 지나가는지 귀를 기울여 보면 신비로운 경험을 하게 될 거예요.

집의 기록: 관찰과 가계도

종종 공간 감수성을 키우려면 어떤 공간을 가봐야 하는지 질문을 받곤 하는데요, 처음에는 가장 가까이 지내는 공간에 집중하시라고 말씀드려요. 새로운 공간보다 오히려 집이나 사무실처럼 익숙한 공간들을 새롭게 알아가는 과정에서 공간 감수성은 더욱 잘 발현됩니다. 익숙함 속에서 새로움을 발견하려면 매 순간을 감각하려 애써야 하는데 그러면서 공간에 대한 애정이 싹트기 시작해요. 이 일이 생각보다 즐거운 활동이란 걸 한번 경험한 사람은 앞으로 어디를 가든 그 공간에 내가 좋아하는 요소가 있는지 살펴보게 되고, 나와 이 공간이 잘 맞는지 안 맞는지 분석하게 될 거예요.

공간을 관찰한 후 SNS나 일기장에 기록하는 것도 공간 감수성을 키우는 좋은 방법이에요. 저도 공간 관찰 일기 계정을 따로 만들어서 놓치고 싶지 않은 순간들을 포착한 10~15초짜리 영상에 짧은 소감을 곁들여 3년 가까이 기록하고 있어요. 알려지지 않은 계정이라 누군가 '좋아요'를 누를 일이 없음에도 수시로 들어가서 게시물을 보며 혼자 아빠 미소를 짓고 있습니다. 내가 이때 이 모습을 보고 이런 감정을 느꼈구나 하면서 공간에 대한 애정이 한층 깊어져요.

인스타그램에 본인이 살고 있는 집의 매력을 어필하는 계정이 많은데 간혹 동일한 공간의 모습을 꾸준히 올리는 사람을 발견하면 반가워요. 진짜 집을 사랑하는 사람이 아닐까, 올려진 사진과 영상을 보며 혼자 상상해 봅니다. 보여줄 데가 거기밖에 없어 그 공간을 반복적으로 올리는 게 아니라, 그 사람은 알고 있는 거예요. 얼마나 다채로운 매력을 갖고

애정하는 여주 카페 DIA

집을 기록하고 있는 인스타그램 계정

있는 사랑스러운 공간인지를요. 그 순간을 놓치고 싶지 않아 기록으로 남기는 거라 생각해요. 작은 면적이더라도 이렇게 설렘을 자아내는 스폿 하나쯤은 갖고 있었으면 좋겠어요.

'집의 가계도'를 그리는 방법도 추천합니다. 그동안 거쳐왔던 집을 다이어그램으로 시각화하거나 혹은 간단히 리스트화하는 작업을 별집에서는 가계도라 부르는데요. 지역, 면적, 층, 구조, 기억나는 에피소드, 좋았던 순간 등을 간단히 적고 생각나는 대로 각 집의 평면도를 그려보는 거예요. 막상 그려보면 최근에 살았던 집인데도 공간 구조가 잘 떠오르지 않는다거나 의외로 내가 여러 타입의 공간을 경험했었다는 사실에 놀라게 돼요. 특징을 적을 때는 부정적인 기억보다는 좋았던 기억이나 무심히 지나쳐버린 부분들을 발견했으면 좋겠습니다. 집을 구할 때도 막연하게 이전 집의 기억을 떠올리기보다는 이렇게 정리해 두면 훨씬 도움이 될 거예요.

공간을 눈여겨보고, 내가 편안하게 느꼈던 공간을 떠올려 보면 조금씩 공간 감수성이 자라날 거예요. 그러면 나에게 맞는 색다른 집을 상상할 수 있습니다. 그동안 우리는 집을 공급받는 삶에 익숙해졌어요. 주어진 공간에 나를 맞추며 살았던 거죠. 익숙함에 안주하면 공간 감각은 둔화돼요. 사용자가 별다른 요구를 하지 않으면 공급자는 계속해서 같은 집을 찍어냅니다. 다양한 공간을 경험할 기회가 줄어들어 온

2004-2005년
지역: 경기도 안성
형태: 다가구주택 2층/월세
구조: 방1/주방/화장실1(오픈형 원룸)
면적: 약 3평
에피소드: 첫 독립, 여자 동기 3명이 3개호실을 나란히 임대, 방음 안 되는 집이라 서로 벽으로 소통

2005-2006년
지역: 경기도 안성
형태: 다가구주택 2층/월세
구조: 방2/주방/화장실1
면적: 약 9평
에피소드: 여자 4명이 함께 거주, 방 사이에 위치한 작은 주방을 커뮤니티 라운지처럼 사용

2009-2011년
지역: 서울시 관악구 봉천동
형태: 오피스텔 6층/월세
구조: 방1/거실/주방/화장실/발코니
면적: 약 7평
에피소드: 나는 방/오빠는 거실에서 생활, 요리하기 좋은 주방, 공용 세탁실, 태풍으로 외벽 외장재 파손

2011-2011년
지역: 미국 시애틀, 뉴저지
형태: 단독주택, 아파트(셰어하우스)/월세
구조: 방3/거실/주방/화장실2
면적: 약 24평
에피소드: 프라이빗한 뒷마당과 독립된 주방을 꿈꾸게 한 집

2019-2019년
지역: 서울시 중랑구 면목동
형태: 다세대주택 1층/월세
구조: 방3/주방/욕실1/화장실1/창고
면적: 약 8평
에피소드: 과감한 DIY 시도, 변기칸과 샤워실 따로 분리, 높은 주방 천장고

2019-2021년
지역: 서울시 용산구 후암동
형태: 다세대주택 1층/월세
구조: 방3/거실/주방/화장실2/발코니2
면적: 약 18평
에피소드: 북향 거실, 남향 주방, 필로티 1층이라 2층 높이, 1층 세대에만 있는 테라스

집의 가계도
평면도로 집 떠올리기

이유예요. '나는 이런 집이 좋고, 앞으로 이런 집에서 살아보고 싶어'라고 자꾸 목소리를 내야 공급자도 우리의 이야기에 귀를 기울이게 되고 그런 집들을 생산하기 시작할 겁니다. 공간 감수성을 무기로, 나에게 맞는 집을 만드는 여정을 시작해 봐요.

좋은 집을 기다리지 말고, 만들어 가는 모험

우리는 좋은 집을 꿈꾸고 갈구하는 데는 익숙하지만, 지금 사는 집을 살고 싶은 집으로 만들어야겠다는 생각은 좀처럼 하지 않아요. 우리 집은 이런 게 별로라며 불평만 늘어놓는 머릿속의 '슬픔이(『인사이드 아웃』)'는 잠시 쫓아버리고 유쾌한 모험을 시작해 봐요. 나의 하루가 시작되고 끝나는 지금의 집을 애정 어린 눈으로 관찰하다 보면 미처 몰랐던 새로운 면면을 발견하게 될 거예요. 그리고 그때마다 집이 더욱 사랑스러워질 겁니다.

직업 특성 때문인지 제가 이곳저곳 자주 돌아다닐 거라 생각하는 분들이 많은데 일 때문이 아니라면 저는 집 밖으로 잘 나오지 않아요. 가능하다면 두문불출하며 살고 싶은, 집에 있을 때 가장 행복하고 에너지가 넘치는 사람입니다. 그런데 이런 저보다 더 집을 사랑하는 사람을 만났어요. 바로 이현호 시인인데요, 섬세한 시인의 언어로 『방밖에 없는 사람, 방 밖에 없는 사람』이란 책에서 그가 사는 세계를 소개하고 있어요. 집에 관한 그의 놀라운 통찰력에 혀를 내두르며 읽었습니다. 내 집을 사랑하는 사람이라면, 내 집을 사랑하고 싶은 사람이라면 읽어보면 좋을 책입니다. 집을 사랑하는 나만의 방법을 만드는 건 어쩌면 좋은 집에 사는 가장 쉬운 방법일지도 몰라요.

10

좋은 집 정의하기:
나에게 던져야 할 질문들

좋은 집에 사는 법

이 책에서 별집에서 중개한 다양한 매력의 집들을 살펴봤어요. 마음에 드는 집도 있고, '독특하지만 나는 여기에선 못 살겠다' 싶은 집도 있으셨을 거예요. 좋은 집은 결국 스스로 정의해 가야 한다는 것도 느끼셨을 텐데요, 이번 화에서는 우리가 생각하는 좋은 집은 무엇인지 찾기 위한 질문을 던져 보려고 해요.

넷플릭스에 『나만 몰랐던 부자 되는 법』이라는 2023년에 나온 다큐 시리즈가 있어요. 평소 '내가 가고자 하는 길을 묵묵히 가다 보면 돈은 저절로 따라오기 마련'이라는 생각을 품고 사는 제가 클릭하기엔 다소 민망한 제목의 콘텐츠였는데요. 부동산 경기가 당최 나아질 기미가 보이지 않아 자영업자로서 슬슬 위협을 느끼던 때였던지라 저의 불안을 잠재워줄 무어라도 발견하길 바라는 마음으로 보게 됐어요.

원제는 『How To Get Rich』로 라미트 세티라는 재정 전문가가 재정적으로 어려움을 겪는 사람들을 대상으로 부자로 살 수 있는 방법을 코칭해 주는 다큐멘터리예요. 솔직히 큰 기대를 하고 본 건 아니었는데 의외의 관전 포인트가 있었어요. 부자가 되고 싶어 하는 각계각층의 사람들에게 재정 전문가는 가장 먼저 공통 질문을 던집니다. "당신이 그리는 부자의 삶은 무엇인가요?" 왜 부자가 되고 싶은지, 그러려

이상적으로 생각하는 집.
충남 예산군 단독주택의 서재.

면 어떻게 해야 하는지를 문답하는 대신 사람들로 하여금 자신이 그리는 부자의 삶이 무엇인지부터 정의하게 하는 거죠. 'Why'와 'How'가 아닌 'What'으로 시작하는 그의 방식이 너무 신선해서 더 몰입해서 보게 됐습니다.

보통 부자라고 하면 많은 사람들이 고급 차와 번듯한 집을 소유한 사람들을 떠올려요. '부자 반열에 오르려면 이 정도 차와 이 정도 집쯤은 있어야 해'라고 이야기하는 바이블이라도 있는 것처럼 큰돈이 생기면 좋은 차와 집부터 장만합니다. 내가 그리는 부자의 삶에 대해 진지하게 고민해 본 적이 없기 때문에 다른 사람들이 말하는 부자의 삶의 형태를 쫓아가게 되는 거죠. 저 또한 에피소드에 등장한 사람들과 별반 다르지 않았기에 처음에 그 질문을 들었을 때 허를 찔린 기분이었어요.

저는 이 질문을 집에도 적용해 봤어요. 자가든 임대든 모두들 '좋은 집'을 갖기 위해 부단히 애를 쓰는데, 내가 살고 싶다고 말하는 좋은 집이 구체적으로 어떤 집인지 생각해 볼 필요가 있겠더라고요. 저는 인스타그램에 근사한 건물 사진이 올라오면 동경하듯 좋아요를 누르고 나중에 집을 짓게 될 때를 대비(?)해 가끔 캡쳐를 해둬요. 핀터레스트에는 건축/인테리어 관련 보드를 만들어 내 스타일이다 싶은 공간 이미지를 모아두고요. 그런데 이 다큐를 보고 나니 문득 지금 모으고 있는 이 이미지들이 실제 내가 살고 싶은 집에 얼마나 근접할까라는 의구심이 들었어요. 절대 적지 않은 비용이 들어가는 일인데 너무 막연하게 꿈꾸고 있던 건 아닌지 스스로에게 질문을 던져보기로 했습니다.

학부 때 설계를 하다 보면 가끔 과욕을 부릴 때가 있었어요. 이것도 넣으면 좋을 것 같고, 저것도 넣으면 좋을 것 같아 하나씩 추가하다 보면 종국에는 정체를 알 수 없는 희한한 공간이 만들어져요. 좋은 기능을 한데 모아놨는데 정작 쓸모는 없는 애플리케이션 같다고 할까요. 이렇게 의욕이 앞설 땐 얼른 참고하던 건축 잡지를 덮어 버려야 해요. 안 그러면 원래 나도 그런 공간을 생각하고 있었다는 듯 괜찮아 보이는 디자인을 자꾸 베끼고 싶어지거든요.

여러분도 그동안 모아두었던 이미지들을 잠시 내려놓고 그간의 경험을 돌이켜 내 감각이 좋다고 말하는 것들을 떠올리고 정리해 보는 시간을 가져보세요. 내가 살았던 집에서 좋았던 부분들만 골라서 덧붙여 나가는 게 아니라 나에게 꼭 필요한 요소들을 발견하는 게 포인트예요. 제한된 공간에서 살아야 하는 만큼 덧셈과 뺄셈을 잘해야 해요. 집은 우리 삶의 안정과 직결되어 있습니다. 그게 내가 소유한 집이든 잠시 빌린 집이든 행복을 위해 우리 모두 내가 살고 싶은 진짜 집을 발견했으면 좋겠어요.

나에게 던져야 할 질문들

멀기만 한 것 같은 '내가 살고 싶은 집'은 생각해 보면 의외로 소박할 수도 있고, 이미 그런 곳에 살고 있을 수도 있어요. 진짜 살고 싶은 집을 발견하기 위해 답해야 할 질문들을 몇가지 알려 드릴게요. 저도 직접 이 질문들에 답해 봤습니다.

□ 소유인가, 임대인가, 공유인가

우리나라에서는 결혼을 했거나 30대 후반이 되었는데도 집이 없으면, 거기다 전세가 아닌 월세살이까지 하고 있으면, 여태 집 장만도 안 하고 뭐 했냐는 식의 불편한 시선을 마주해야 합니다. 모두가 소유를 향해 달리는 것 같지만, 꼭 그렇지만은 않을 수 있어요.

『나만 몰랐던 부자 되는 법』의 라미트 세티는 놀랍게도 월세살이를 하고 있다고 밝혔어요. 지금 당장 집을 살 수도 있지만, 그렇게 하지 않는다고요. 그가 생각하는 부자의 삶에서는 유연성이 아주 중요하기 때문이에요. 원할 때 툭 털고 여행을 갈 수 있어야 하는데 월세는 이에 대비하기가 쉽다는 거죠. 가고 싶은 곳이 있으면 언제든 새처럼 훨훨 날아갈 수 있는 삶. 생각지도 못한 부자의 삶이었어요. 80일간 세계 일주를 떠나더라도 부동산은 디폴트인 줄 알았는데 말이죠.

미국도 상황이 비슷한지 그도 월세로는 성공 못한다는

이야기를 많이 들었다고 해요. 저 역시 다른 사람의 일에 크게 일희일비하지 않는 성격임에도 부동산 경기가 한창 좋았을 때 제 또래가 집을 샀다는 이야기를 듣고 불안감에 시달린 적이 있어요. 아직은 은행 집일지언정 저 친구는 나중에 길바닥에 나앉는 일은 없겠다는 부러움과 함께 말이죠. 지금이라도 빚을 내서 내 한 몸 뉘일 수 있는 작은 집을 사야 하는 건 아닌지 갈팡질팡했습니다. 소유, 임대, 공유라는 다양한 선택지가 놓여 있었지만 그때는 왠지 소유를 향해 달려야만 할 것 같았어요.

라미트 세티는 돈 쓰는 방법이 남들과 달라도 주눅 들 필요가 없다고, 재정적 결정에서 집 구매가 항상 최선은 아니라고 조언합니다. 지금은 저도 소유에 대한 생각을 많이 내려놨어요. 생각해 보니 제가 살고 싶은 집이 꼭 제 소유로 된 집일 필요는 없더라고요. 애초에 부동산 시세 차익으로 돈을 벌고 싶은 생각도 없었고, 월세와 생활비, 병원비만 잘 준비해 둔다면 모아둔 돈을 보다 의식적으로 소비하다 가볍게 떠날 수 있겠다는 생각이 들었어요. 노후까지 이자를 갚느라 허덕이는 삶보다는 내가 먹고 싶은 게 있으면 주저 없이 사 먹을 수 있고, 동네 단골 가게에서 돈을 쓸 수 있는 삶을 계획하고 싶어졌습니다. 집을 사면 각종 세금과 이자, 유지 보수비 등 숨은 비용들이 발생하는데, 20~30년 후에야 내 집이 되는 넓은 집이 저에게는 크게 의미가 없다고 느껴졌어요.

저와는 다르게 집을 사서 안락한 삶을 꾸리는 게 목표인 분들도 많이 계실 거예요. 그것도 좋은 목표라고 생각해요. 다만 깊은 고민 없이 '무조건 소유'를 지향하기보다는 내가 처한 상황에 맞는 방식을 고민해 보면 좋겠습니다. 라미트 세티가 부자의 삶에서 유연성을 중요하게 생각했던 것처럼, 내가 생각하는 '좋은 삶'에는 어떤 가치가 우선하는지 생각해야 답을 내릴 수 있겠죠.

□ 살고 싶은 동네는?

간혹 제가 서울에서 살고 싶어 하는 동네가 어떤 동네인지 궁금해하는 분들이 계신데요. 서울에서 나고 자랐지만 저는 딱히 서울살이를 고집하지 않아요. 서울보다는 교외 지역에 살고 싶은 마음이 더 큽니다. 다만 도시의 즐거움을 완전히 포기할 수 없는 인간인지라 적어도 차로 30~40분 거리에 문화 시설 하나쯤은 있었으면 좋겠어요. 그리고 치킨과 자장면이 배달되며 병원과 약국이 있는 읍내를 선호합니다. 어디를 가나 사람은 혼자 살 수 없는 법. 외딴 섬처럼 나 홀로 떨어져 있는 것보다는 집들이 옹기종기 모여 있는 마을 안에 살고 싶어요. 적당한 간섭은 소속감과 안도감을 느끼게 해주니까요.

지금 살고 있는 동네 풍경

□ 나에겐 얼마나 넓은 공간이 필요할까?

혼자 산다는 가정하에 전용면적 13~14평이면 즐겁게 집을 가꾸고 관리할 수 있을 것 같아요. 이 면적을 벗어나면 감당하기 힘들어질 거예요. 거주 만족감은 공간의 크기에 비례해 늘어나지 않습니다. 면적이 넓다고 내 삶이 편해지는 게 아니에요. 나에게 맞는 면적을 찾을 필요가 있어요. 저는 13~14평이 나름 소박한 면적이라 생각했는데요, 르 코르뷔지에가 말년을 보냈다는 오두막 '작은 궁전', 법정 스님이 손수 짓고 17년간 수행한 작은 암자 '불일암', 헨리 데이비드 소로가 월든 호숫가에 지은 작은 집에 비하면 제가 살고 싶은 집은 궁궐이네요.

□ 내가 꿈꾸는 집의 상태는?

그동안 모아두었던 근사한 공간 이미지들을 잠시 덮어두고 그간의 공간 경험을 돌이켜봤어요. 집을 한번 지어보고 싶은 욕망이 아직 사그라들지 않았지만 사실 저는 새집보다는 구옥에 더 끌리는 사람이에요. 때가 묻지 않은 것들을 대할 때 겁내는 경향이 있거든요. 다이어리를 선물받거나 새 노트를 사용해야 할 때마다 조심스러워서 어쩔 줄 몰라 해요. 그래서 티끌 하나 없이 새하얗게 정돈된 공간보다는 생활감이 묻어 있는 공간, 온기가 느껴지는 공간을 좋아합니

지금 살고 있는 집 주방

다. 잡지에 등장하는 공간처럼 세련되거나 예쁘지 않아도 저와 같은 사람을 담을 수 있는 집, 저와 닮은 구석이 있는 집이면 족할 것 같아요.

ㅁ 나에게 꼭 필요한 것

두 가지 양보할 수 없는 게 있다면 주방 크기와 녹색 뷰예요. 제가 신나게 빵을 만들 수 있는 작업대와 오븐을 둘 수 있는 넉넉한 주방 그리고 트여 있지 않아도 창밖으로 녹색이 보이는 집에서 살고 싶어요.

멋진 공간 사진들을 보는 나름의 즐거움이 있지만 언제 이런 집에 살 수 있을까 하는 허탈함이 밀려왔는데, 이렇게 정리하고 보니 제가 살고 싶은 집이 그리 멀리 있지 않다는 생각이 들어요. 어느 정도 그런 집에 부합하는 곳에 이미 살고 있는 것도 같아 집이 더 사랑스러워 보이고요. 혼자에서 둘이 되고 셋이 되면 내가 살고 싶은 집의 그림도 또 변화하겠죠.

11

집 보러 가기:
특별한 집을 대하는 자세

집과 인연을 만드는 의외로 간단한 방법

현재 지방에 거주 중인데 직장 때문에 서울에 급히 집을 구해야 한다며 어느 날 한 손님이 웹사이트로 방문 신청을 해왔어요. 마침 매물이 위치한 동네에 친구가 살고 있어 함께 집을 보러 가도 되겠냐며 미리 양해도 구했습니다. 사려 깊은 모습에 손님과의 만남을 기대했는데, 막상 집을 보여드리러 가니 예상 밖의 상황이 펼쳐졌어요. 동석한 친구분이 집에 들어가자마자 벽을 마구 두드리시는 거예요. 그것도 사방을 빙 돌아가며 집 안에 있는 모든 벽을요.

텅 텅 텅 텅. 기대했던 둔탁한 소리가 아니었는지 쏘아붙이듯 저에게 말을 걸었어요. "여기 방음 잘 안되죠?" 그러고는 제가 답할 새도 없이 이번에는 냄새에 집중을 하시더니 집을 구하려는 손님을 향해 강한 어투로 말을 건넸습니다. "여기 새집 냄새 너무 많이 나지 않아? 야, 이 냄새 절대 안 빠져!" 집을 구하는 당사자인 손님은 친구의 의견에 크게 동조하는 눈치가 아니었지만 중개인과 임대인에게 절대 속지 않겠다는 단단한 각오라도 하고 온 듯한 친구분은 처음부터 이 집에 대한 불신이 가득했어요. 현관 앞에 임대인분이 서 계셨는데 지금 생각해도 참 머쓱해지는 상황이었습니다.

저도 학교 다닐 때 방 쪼개기를 해놓은 건물에서 살아봐서 그분이 왜 벽을 두드리며 방음 이야기를 꺼냈는지 머리로는 이해가 됐어요. 그렇지만 억울하기도 해서 가슴속에 불꽃이 타올랐습니다. 손님을 배웅한 뒤 저는 장문의 메시지를 작성하기 시작했어요. 친구분이 치명적인 단점처럼 언급한 부분들을 조목조목 짚어가며 잘못 알고 계실지 모를 사실들을 바로잡으려 했어요.

먼저 텅텅 소리가 난 건 매끄럽고 깔끔한 시공을 위해 콘크리트 벽 위에 석고 보드로 바탕면을 만든 뒤 도배를 했기 때문이에요. 콘크리트 벽에 바탕 작업을 하지 않고 도배를 하면 벽지가 울퉁불퉁해질 수 있는데요, 예전에는 비용 절감을 위해 바탕 작업 없이 시공을 많이 했어요. 이 경우 벽을 두드리면 속이 꽉 찬 둔탁한 소리가 납니다. 반면 콘크리트 위에 석고 보드로 바탕 작업을 하고 도배를 하면 깔끔한 벽면을 만들 수 있어요. 요즘은 실크 벽지 품질이 좋아져서 콘크리트 벽에 바로 도배해도 불규칙한 면이 티가 안 나는 경우도 있지만, 깔끔한 시공을 위해서 많이 쓰는 방법입니다. 이 경우 벽을 두드리면 석고 보드의 텅텅 소리가 나요. 벽에서 둔탁한 소리가 나지 않는다고 해서 꼭 방 쪼개기 하듯 가벽을 설치한 건 아니라는 거죠.

다음으로는 새집 냄새. 손님이 방문한 집은 신축한지 얼마 되지 않아 환기와 베이크 아웃bake out이 충분히 되지 않은 상태였어요. 신축 건물의 경우 한동안 자재와 가구에서 특유

석고 보드로 바탕면을 만든 뒤 도배한 집.
서울 관악구 봉천동 '화운원'

의 냄새가 배어 나오는데 일주일 정도 보일러를 가동해 집 안의 공기를 데웠다가 환기하는 과정을 지속적으로 반복해 줘야 해요. 내일 당장 입주하는 게 아니라면 크게 문제가 될 만한 사항이 아니었음에도 허술하게 지은 집, 절대 안 빠지는 새집 냄새를 가진 집이라고 단정 짓는 게 속상했어요. 계약은 성사됐지만 친구분에게 느낀 씁쓸한 여운이 아직까지 남아 있습니다.

간혹 어떤 분들을 보면 이 집을 선택하지 말아야 할 이유를 찾으러 온 사람처럼 느껴질 때가 있어요. 임차인이 거주하고 있는 집의 경우 보통 10분이 채 안 되는 시간 안에 집을 보고 나와야 하는데요, 좋은 점을 발견하기도 부족한 이 시간을 나쁜 점을 찾아내는 데 다 할애하시는 거예요. 이 집은 이래서 안 좋고 저 집은 저래서 안 좋고. 몇 십 개의 집을 본다 한들 그런 태도라면, 결국 안 좋은 집들 중에서 덜 안 좋은 집을 고르게 되는 것 아닐까요?

단점이 없는 완벽한 사람이 존재하지 않듯, 좋은 점만 갖춘 집은 없어요. 지금까지 창 방향, 연식, 구조 등 다양한 특징을 가진 집에서 살펴봤듯이 누군가에게는 단점이 누군가에게는 장점이 되기도 하고요. 집을 대할 때 거슬리는 부분이 분명 있겠지만 이를 상쇄할 만한 장점들을 발견하는 일에 좀 더 무게를 두면 좋겠습니다. 불편함이 주는 즐거움을 찾아 떠나는 캠핑족처럼, 불편함을 대수롭지 않게 여기는 초연한 자세가 있다면 집의 매력을 발견할 수 있을 거예요.

“옛 선비들은 좋은 터, 아름다운 경관을 만나는 것 자체를 하늘이 맺어주는 인연이라 생각했고, 그 땅의 가치를 알아주는 주인이 나타나기 전까지는 하늘이 그 땅을 꼭꼭 숨겨 둔다고 했어요”

세계조경가협회IFLA가 수여하는 조경가 최고 영예상인 ‘제프리 젤리코상’을 한국인 최초로 수상한 정영선 조경가가 한 말이에요. 아무리 좋은 땅이 눈앞에 있어도 내가 그 땅의 가치를 알아보지 못한다면 결코 인연이 될 수 없을 거예요. 집도 마찬가지입니다. 좋은 집을 만나려면 우리 스스로도 준비가 되어 있어야 해요. 어느 날 갑자기 하늘에서 뚝 하고 좋은 집이 떨어질 리가 만무하니까요. 평소에 준비가 되어 있어야 좋은 집을 알아볼 수 있고 내 집으로 만들 기회를 잡을 수 있어요.

집을 보러 갈 때 준비해야 할 것

의외로 가벼운 마음으로 집을 보러 오시는 손님들이 많은데요, 부동산을 통해 집을 보러 갈 때도 준비해야 할 것들이 있습니다. 양보할 수 없는 조건들의 우선순위를 꼭 정하고 가셔야 해요. 먼저 이것만큼은 포기할 수 없다고 생각되는 조건들을 쭉 나열해 보세요. 이제 그중에서 절대 포기할 수 없는 조건들 다섯 개만 뽑아 보세요. 무언가를 포기한다는 게 생각보다 쉽지 않을 거예요. 저는 무인도에 가져갈 세 가지를 뽑는 것보다 이게 더 어렵게 느껴졌어요. 다섯 개를 고르셨다면 마지막으로 그것들의 우선순위를 매겨보세요. 1위부터 5위까지 순위가 다 정해졌나요? 그렇다면 집을 보러 갈 때는 1~3위만 기억하시면 됩니다. 이 세 가지를 충족하는 집을 찾기도 쉽지 않거든요.

리스트업할 때 유의해야 할 점이 있어요. 각 조건은 간결하고 명료해야 합니다. 예전에 포기하기 어려운 최우선 조건들을 메일로 보내오신 손님이 있었어요. 우선적으로 고려할 사항들을 정리하신 것까지는 좋았는데 사실상 의미가 없는 작업이었습니다. 채광, 소음 등 여섯 개의 우선순위 안에 다시 네댓 가지의 세부 조건을 달았는데 예를 들면 이런 식이었어요. 채광의 경우 정남향에 큰 창이 있어야 하고, 트여 있는 전망이거나 좋은 뷰를 갖고 있어야 한다는 조건. 결국 따져보면 서른 가지에 달하는 조건에 최대한 많이 부합하는 집을 찾아야 한다는 건데, 선택과 집중이 필요해 보였어요.

집을 보러 가기 전에 파악 가능한 정보들은 미리 챙겨 두세요. 보증금을 안전하게 돌려받을 수 있는지가 무엇보다 중요하겠죠. 방문 일정을 잡기 전에 이런 내용에 대해 공인중개사와 충분히 이야기를 나눠야 헛걸음하지 않아요. 별집은 웹사이트에 임대료 외에도 지하철역이나 버스정류장은 얼마나 걸리는지, 실제 사용면적은 얼마인지, 방과 화장실은 몇 개인지 등 상세한 매물 정보를 제공하고 있습니다. 집을 보기 전 이런 기본 정보들을 다시 한번 숙지하고 가시는 것이 좋아요. 알고 보는 것과 모르고 보는 것에는 큰 차이가 있답니다. 생각보다 기본적인 정보들을 모르고 '일단 집부터 봐야지'라는 생각으로 오시는 분들이 많은데요, 알고 보는 것과 모르고 보는 건 경험의 밀도가 다르다고 생각해요.

집을 보러 갈 때부터 치수를 잴 수 있도록 준비하는 것도 좋아요. 별집에서는 방문 신청이 들어오면 손님에게 확정된 방문 일정을 문자로 보내드려요. 이때 줄자나 필기구를 준비해 오시라는 멘트를 함께 집어넣는데 실제로 집을 볼 때 손님이 줄자를 꺼내시면 그렇게 반가울 수가 없어요. 줄자가 있으면 재방문하는 번거로움 없이 내가 갖고 있는 또는 구매 예정인 가구가 잘 들어가는지 빠르게 확인해 볼 수 있습니다. 드물긴 하지만 웹사이트에 업로드된 도면을 캡쳐해 출력해 오시는 분들도 더러 있어요. 아무래도 도면이 있으면 치수를 측정하고 기록하는 과정이 훨씬 수월해집니다.

집을 볼 때 머리로만 저장하지 말고 노트에 적거나 (가능하다면) 사진, 영상을 찍어 공간의 특징을 기록하는 게 좋아요. 저는 하루에 세 건 이상 집을 몰아서 보는 건 추천하지 않아요. 집을 볼 때는 각 집의 특징들을 다 떠올릴 수 있을 것 같지만 막상 집에 돌아가면 정보들이 한데 뒤엉켜 제대로 기억나지 않거든요. 그래서 여러 집을 볼 때는 더 꼼꼼히 기록하며 봐야 해요.

Part 3.

나의
집 이야기

: 지금 사는 집의 매력을 발견하는 여정

12

구축 빌라 1층 집에 살게 됐습니다

돌출창이 매력적인 집과의 인연

건축가들이 지은 공간을 소개하면서, 이런 멋진 곳을 설계한 건축가는 어떤 집에 사는지 궁금해한 적이 있어요. 그런데 의외로 많은 건축가들이 근사한 단독주택이 아닌 아파트에 거주하더라고요. 건축가들이 어떤 집에 사는지 궁금해했던 저처럼, 손님들은 색다른 공간을 소개하고 중개하는 저의 집을 궁금해하시는데요, 저 역시 의외로 디자인된 신축 건물이 아닌 오래된 빌라에 살고 있습니다. 평범한 집이지만 저에게는 특별한 공간이 되었어요.

지금 별집이 둥지를 튼 대학로의 한옥은 별집의 세 번째 공간이에요. 첫 번째 공간은 서울역 뒷편 만리동에 있었어요. 그때 오빠와 함께 살았는데 둘 다 사무실이 후암동과 멀지 않은 곳에 있었고 둘이 합치면 거실이 있는 좀 더 넓은 집에 살 수 있을 거란 희망에 부풀어 후암동에 방 세 개짜리 월셋집을 구했어요. 그 집으로 이사한 지 한 달도 안 돼서 코로나가 발발하는 바람에 동네 환경은 제대로 못 누렸지만 각자 친구들을 집으로 초대해 가며 즐거운 생활을 1년 넘게 이어나갔습니다. 그러다가 오빠가 바라던 직장에 합격하게 되면서 별안간 제주도로 떠나버렸어요. 든 자리는 몰라도 난 자리는 티가 난다고 둘이 살 땐 그렇게 넓은 집인지 몰랐는데 덩그러니 남은 빈 방들을 보자 공허함이 밀려왔어요. 그리고 오롯이 제가 짊어져야 하는 월세와 공과금이 부담스럽게 느껴지기 시작했어요.

그렇다고 급하게 룸메이트를 구하기도 싫었고 쫓기듯 다른 집을 알아보고 싶지도 않았어요. 우선 후암동 집을 정리하고 경기도에 위치한 부모님댁으로 들어갔어요. 일주일 동안은 편하고 좋았는데, 집에서 나와 산지 오래돼서 그런지 부모님과 제 라이프스타일이 너무 다른 거예요. 매물이 대부분 서울에 있어서 서울로 왔다 갔다 하는 일도 쉽지 않았고요. 세 달쯤 머물렀을 때 혼자 살 집을 구해야겠다고 마음먹었지만 집에 돌아오면 녹초가 되어 기절하기 일쑤였어요. 그렇게 피로와 스트레스가 쌓여가던 어느 날 오랜만에 오빠에게서 전화 한 통이 걸려 왔습니다.

오빠가 사는 제주 집에 잠시 머물다 갈 예정이었던 친구가 생각보다 오래 머물게 되었다며, 그 친구집에 가서 식물에 물을 좀 주고 올 수 있겠냐는 부탁을 하더라고요. 전에 그 집에 가본 적도 있고 저도 잘 아는 오빠의 절친이라 흔쾌히 수락했어요. 다른 것도 아니고 식물 때문에 비행기를 탄다는 게 쉬운 일은 아니잖아요.

오빠 친구 집에 가보니 식물들이 맥없이 축 늘어져 있었어요. 처음 이 집을 방문했을 때 햇살이 돌출창을 투과해 들어오는 장면에서 눈을 떼지 못했었는데, 돌출창은 거미가 점령한 지 좀 돼 보였어요. 간단히 환기를 시킨 후 식물에 물을 듬뿍 주고 무단으로 살림을 차린 거미의 집을 모두 걷어냈습니다. 그리고 임무를 완수했다며 다음에도 부탁할 일 있으면 편히 말하라고 오빠에게 메시지를 보냈어요. 답장이 왔고 '생각보다 오래 머물게 되었다'는 그 기간이 정말 생각보다 길다는 사실을 알게 됐어요. 최소 1년은 집을 비워둬야 하는 상황이었던 거죠.

공간은 사람이 살지 않는 시간이 길어지면 길어질수록 빠르게 노후화돼요. 오빠의 절친은 갑자기 제주도에 자리를 잡는 바람에 이래저래 집에 대한 걱정이 많았어요. 언제 서울 집으로 돌아갈지 모르는 상황인데 무턱대고 세를 놓기도 뭐하고 그냥 두자니 집이 금방 망가질 것 같았거든요. 처음에는 저도 집을 구해야 하는 제 코가 석자인 사람이라 그분의 고민을 대수롭지 않게 넘겼어요. 그러다 문득 가끔 가서 식물에 물만 주는 게 아니라 내가 그곳에 살면서 집을 관리해 주면 어떨까란 생각이 들었습니다. 물론 그분이 필요하다고 하면 언제든지 집을 비워드리고 저 또한 좋은 집을 찾으면 바로 떠나는 조건으로요. 누이 좋고 매부 좋은 일이란 생각에 제안을 했는데 그렇게 해주면 너무 좋을 것 같다며 선뜻 화답해 주셨어요.

저는 이렇게 운명의 장난 같은 과정을 거쳐 2021년 8월 지금의 집으로 이사하게 됐고 현재까지 즐겁게 잘 지내고 있어요. 33년이 넘은 오래된 다세대주택인데, 오래된 건물이지만 그래서 느낄 수 있는 매력이 있었거든요. 처음 몇 달은 집주인(오빠 친구)의 짐이 그대로 있는 상태로 살았어요. 이미 필요한 모든 게 다 갖춰져 있어 부모님 집에서는 여름 옷과 화장품, 침구류 정도만 챙겨 왔어요. 저도 언제 떠날지 몰라 짐을 간소화하는 게 좋을 것 같았습니다. 그런데 아뿔싸! 시간이 지날수록 이 집이 계속 좋아지는 거예요. 그것도 아주 많이요.

예전부터 돌출창이 있는 집에서 살아보는 게 소원이었는데 폭이 깊지는 않지만 이 집에 돌출창이 있다는 게 제일 좋았어요. 아기자기한 화분들을 올려두고 키우는 즐거움도 있고, 돌출창에 걸터앉아 비 내리는 모습과 행인들을 내려다보는 재미까지 있어요. 알루미늄 새시sash로 된 창문이 많이 노후화돼서 겨울에 춥지 않을까 걱정했는데 겉의 목창이 한 번 더 외기를 막아줘서 생각보다는 단열이 잘 되는 편이에요. 아침저녁으로 창문을 열고 닫을 때 나는 드르륵 소리가 저 대신 이웃집에 제가 잘 살고 있다는 인기척을 내주는 것 같아 가끔 기특하게 느껴지기도 해요. 돌출창 너머로 보이는 풍경 또한 사랑스러운데요, 초등학교 담벼락에 그려진 140m 길이의 어린 왕자 벽화와 화단에 심어진 꽃과 나무가 사시사

집 안에서 바라본 돌출창

창밖 풍경

철 반갑게 저를 맞아줍니다. 빛도 잘 들어서, 순간마다 변화하고 움직이는 빛과 그림자를 관찰하는 취미가 생긴 것도 이 집에 살면서부터였어요.

집이 점점 사랑스러워지면서 어느 순간 이 집을 온전히 내 공간으로 만들고 싶다는 생각에 사로잡혔습니다. 고민 끝에 집주인인 오빠의 절친에게 조심스럽게 이야기를 꺼냈어요. 가끔 서울에 머무를 일이 있으면 내가 잠시 부모님 댁에 가 있을 테니 정식으로 집을 빌려줄 수 없겠냐고요. 협의가 잘 되었고 이사 온 지 몇 달 만에 이 집에서의 '시즌 2'가 시작됐습니다. 생각해 보니 이곳에 산 지도 어느덧 3년이 다 되어 가네요.

1층 집에 살아봤습니다

이 집은 빌라의 1층이에요. 아래 지층이 있어 땅에서 반층 정도 올라간 높이입니다. 일부러 1층 집을 고집한 건 아닌데 공교롭게 이전에 살던 집도 1층이었어요. 차이가 있다면 이전 집은 경사지에 지어진 필로티 구조의 건물이라, 입구에서 보면 1층이지만 반대편에서는 2층이 되는 구조였습니다. 집 바로 아래가 주차장이었어요. 만약 누군가 저에게 1층 집에 살아본 소회를 묻는다면 망설임 없이 "살아보길 잘했다"고 대답할 거예요. 살아보지 않았다면 결코 몰랐을, 1층에서만 경험할 수 있는 특별함이 있다는 걸 알게 됐으니까요. 살아보니 만족스러운 부분이 꽤 많습니다.

1층에서만 느끼는 희열의 순간이 있어요. 자유를 만끽해본 사람만이 느낄 수 있는 묘한 쾌감. 늦은 밤 실수로 무언가를 떨어뜨리거나 일명 발망치라 불리는 쿵쿵 소리를 내게 됐을 때 특히 그런 감정을 느껴요. '아파트 키즈'로 자라나 어디를 가든 발뒤꿈치로 바닥을 찧지 않으려고 긴장하며 걷는 게 몸에 밴 저는 심지어 집 밖에 있는 계단을 오르내릴 때도 조심하는 편이에요. 그런 제가 1층에 산 뒤부터 자유로운 움직임을 구사하고 있습니다. 홈트의 매력에 빠져 반년 넘게 집에서 맨몸 운동을 했었는데 가끔 다리가 풀려 쿵 소리를 내도 예전처럼 자책하지 않았어요. 처음에는 신기해서 일부러 발뒤꿈치에 힘을 줘서 걸어보기까지 했을 정도예요. 물론 1층이라고 해도 공동주택 살이에서 소음을 줄이려는 노력은 필수입니다. 너무 심한 소음과 진동은 위층으로 전달될 수 있거든요.

1층에 살아보지 않았다면 오랜 기간을 층간 소음의 가해자가 되지 않기 위해 애쓰며 살아왔다는 것조차 깨닫지 못했을 거예요. 아파트에 살 때의 제 모습을 떠올려 보면 조금 경직돼 있었던 것 같아요. 한 번은 한밤중에 로션 뚜껑을 바닥에 떨어뜨렸는데 금세 멈출 줄 알았던 뚜껑이 또르르르르 소

집 외관

리를 내며 거실 바닥을 하염없이 구르는 게 아니겠어요? 잡힐 듯 잡히지 않는 뚜껑을 보며 기겁을 했어요. 로션 뚜껑, 그깟 게 뭐라고.

1층은 전망이란 게 없을 줄 알았는데 1층에서만 즐길 수 있는 풍경이 있다는 사실 또한 살아본 뒤에야 비로소 알게 됐습니다. 건설사들이 아파트 1층의 단점을 상쇄하기 위해 지하 멀티룸, 테라스 같은 여유 공간을 1층 세대에 제공하기도 하는데요, 이전에 살던 집은 빌라였지만 1층에만 주어지는 테라스가 있었어요. 이 테라스로 가기 위해서는 먼저 거실을 지나 발코니를 통과해야 했는데, 발코니 폭 자체도 좁은 데다 테라스로 나가는 문까지 좁아서 출입이 여간 불편한 게 아니었어요. 그래도 비가 오는 날이면 빗방울이 테라스에서 타닥타닥 튀어오르는 소리와 모양을 듣고 보는 게 참 좋았습니다. 겨울에 하얀 눈이 소복이 바닥에 내려앉는 모습을 보는 것도 땅과 가까운 1층에서만 누릴 수 있는 호사였어요. 아무도 밟지 않은, 밟을 일이 없는 눈을 보는 나름의 운치가 있었어요. 일본 전통 주택에는 정원에 쌓이는 눈을 감상하기 위한 별도의 미닫이창유키미마도, 雪見窓이 있는데, 1층에서는 그게 절로 확보되는 셈이었죠.

테라스 위치가 하필 빌라 입구 바로 옆이라 솔직히 자주 사용하지는 못했어요. 자칫 입주민들과 어색한 눈인사를 해야 하는 상황이 발생할 수 있어서요. 테라스에 야외 테이블을 두는 대신 흙놀이를 맘껏 할 수 있는 식물 놀이터로 주로 활용했습니다. 집 안의 식물들을 모두 테라스에 집합시킨 뒤 물도 흠뻑 주고, 광합성도 시키고, 분갈이도 하는 장소로요.

저희 집에 놀러 온 친구들이 간혹 1층인데도 방범창이 없는 걸 보고 괜찮냐고 묻곤 해요. 실제로 방범 이슈 때문에 1층을 꺼리는 사람들이 많습니다. 여성의 경우는 더 그렇죠. 남들보다 겁이 없는 성격이긴 해도 저라고 왜 안 무섭겠어요. 그럼에도 지금 사는 집에 방범창을 설치하지 않는 이유는 든든한 장치들이 많기 때문이에요. 저희 빌라 바로 앞에 초등학교가 있어서 아침에는 학교 보안관이 골목길을 지켜 주고, 밤에는 순찰차가 주기적으로 정차해 있어요. 그리고 불법 주·정차 단속용 CCTV가 빌라 앞 골목길을 상시 비추고 있고, 가로등 하나가 건물 앞을 새벽까지 환하게 밝혀줍니다. 거기다 1.5층 높이에 있는 1층이라 벽을 타지 않는 이상 집 안을 들여다보기도 어려운 구조예요. 마지막으로 창호가 오래돼서 방충망이 잘 열리지도 않을 뿐더러 창을 여닫을 때마다 귀에 거슬리는 쇳소리가 나서 조용히 침입하는 건 거의 하늘의 별 따기 수준이랍니다. (하하) 집과 동네의 다른 요소와 함께 고려한다면, 1층 집도 안전할 수 있습니다.

이외에도 1층의 장점은 의외로 많아요. 우선 대피에 유리한 층입니다. 2017년 발생한 포항 대지진 이후로 한국이 더는 지진의 안전지대가 아니라는 인식이 강해졌어요. 피난 경로를 쉽게 확보할 수 있다는 점에서, 추락 사고로 인한 부상을 걱정하지 않아도 된다는 점에서 1층은 아이가 있는 가정에 특히 적합한 층이라는 생각이 들어요. 한창 뛰어노는 어린 자녀가 있는 가정에게는 필로티 1층이 로열층을 뛰어넘는 신로열층 같은 존재라고 해요.

1층은 매매 가격이나 임대료가 동일 건물의 다른 층에 비해 낮은 편이고, 이사를 하거나 가구를 배송시킬 때도 비용을 아낄 수 있습니다. 자전거나 유모차, 캠핑 용품 등을 손쉽게 운반할 수 있고, 6개들이 생수 묶음도 주저 없이 배달시킬 수 있어요. 고속 엘리베이터라고 해도 출근·등교 시간이나 재활용 쓰레기 배출 시간과 겹치면 그 의미가 무색해질 정도로 층마다 서게 되는데, 1층에 살면 엘리베이터 대기 시간을 출근 시간에 따로 계산해 넣지 않아도 돼요.

앞서 소개했던 '조은사랑채'에도 1층에 집이 있어요. 동숭동이 경사가 있는 동네라 공부■상으로 1층이지만 실제로는 2층 높이에 집이 있습니다. 이곳 1층 세대의 가장 큰 특징은 공용 마당과 연결된 문을 가졌다는 거예요. 거실에서 바로 마당으로 출입이 가능합니다. 이 문을 열어두면 내부 공간을 외부로 확장시킬 수도 있고, 언제든지 잘 가꿔진 꽃과 나무

■
건축물대장 등, 관공서에서 법규에 따라 작성한 장부.

'조은사랑채' 1층 집
눈이 온 날 풍경(사진: 임차인 제공)

를 감상할 수 있어요. 현재 이 집에 살고 있는 의현 님은 1층이 마치 건물의 큰 현관처럼 느껴진다고 표현하시더군요. 대문 격인 공동 현관문을 열면 작은 현관홀이 나오는데, 가끔이 현관홀에서 사람들의 조곤조곤한 말소리가 1층 집 현관문 너머로 작게 들려온다고요. 그리고 이게 혼자 사는 집에 적당한 기척을 더해주어 좋다며 1층 집의 매력을 어필했어요. 보통은 공동 현관문을 열자마자 재빠르게 복도를 통과해 집으로 들어가기 바쁜데 1층을 집의 일부로 생각한다는 점이 뭔가 따뜻하게 느껴졌습니다.

저처럼 고소 공포증이 있어 땅과 가까운 층에서 조금 더 안정감을 느끼시거나, 의현 님처럼 사람들이 지나가며 이야기하는 소리, 아이들이 노는 소리, 차가 지나가는 소리와 같은 외부 소음에 민감한 편이 아니라면 1층을 한번 경험해 보세요.

1층 없는 집들

요즘 건축되는 다가구/다세대 주택들은 대부분 필로티 구조로 지어져요. 이제는 필로티 구조가 아닌 건물을 찾기 힘들 정도죠. 1층 전부를 주차장으로 계획하거나 일부는 상가가 혼합된 형태로 계획합니다. 주택은 상층부에 배치하고요. 이런 구조로 건물을 짓는 이유는 법에서 정한 주차 대수를 확보하기 위해서예요. 놀고 있는 땅 아래 공간을 활용할 수도 있지만, 지하를 파서 주차장을 만드는 일은 생각보다 많은 시간과 비용이 투입되는 작업입니다. 그래서 일반적으로 필로티 구조를 더 선호해요. 필로티 구조로 1층을 주차장 또는 주차장+상가로 사용하면, 주택으로 쓰는 층수에서 제외해 주거나 바닥 면적과 높이 산정에서 제외해 준다는 건축법상의 이점도 있어요. 예를 들어 다가구주택은 3개 층 이하로 지을 수 있는데 필로티 구조로 1층을 주차장으로 사용하면 4층까지 건물을 높여 지을 수 있게 돼요.

필로티 구조의 건물을 1층 집의 단점을 보완한 구조로 소개하기도 하는데요, 알다시피 한국에서 1층은 주거용으로 그리 인기 있는 층이 아니에요. 같은 저층이더라도 1층은 매번 선택지에서 제외되기 일쑤입니다. 별집 손님들도 방문 신청서에 희망하는 층수로 1층을 체크하는 경우는 매우 드물어요. 방범과 프라이버시, 채광, 외부 소음에 취약하다는 점 때문에, 또는 고층에서만 즐길 수 있는 전망이 없기 때문입니다.

확실히 한 층씩 올라갈 때마다 집안으로 들어오는 빛의 양이 달라집니다. 상층부로 갈수록 채광이 좋아져요. 그리고 시원한 조망을 누릴 확률이 높아집니다. 소리의 굴절로 인해 낮에는 소리가 위로 올라가지만 밤에는 그 반대여서 상층부가 상대적으로 더 조용한 편이고요. 아파트의 경우 흔히들 중층 이상에서 탑층을 제외한 층까지를 로열층이라고 부르는데 이 로열층이 1층과 탑층보다 더 높은 가격에 거래됩니다. 이런 여러 이유들로 우리나라에서는 매물 후보군을 정할 때 중고층을 선호하는 경향이 뚜렷하게 나타나요. 저도 1층을 직접 경험해 보기 전까지는 그곳에서의 삶에 대해 딱히 생각해 본 적이 없었는데요, 무조건 1층을 배제하지 마시고, 제 경험을 참고해 나에게 맞을지 고려해 보세요.

새로운 선택지가 생긴다면

물론 1층에는 부정할 수 없는 단점도 존재해요. 자동반사처럼 떠오르는 취약점은 보안이에요. 1층은 접근이 쉬운 만큼 침입의 표적이 되기도 쉬워요. 제가 살고 있는 집처럼 골목길에 CCTV가 잘 갖춰져 있거나 가까이에 파출소가 있는 건물 또는 가로등이 있는 건물의 1층은 비교적 안전하니 집을 구할 때 주변을 함께 살펴보는 걸 추천해요. 문과 창문에 이중 잠금장치를 설치하는 것도 침입 범죄 예방에 도움이 될 수 있어요. 의외로 잠그지 않은 문을 통한 침임 범죄는 1층 이상에서 더 높은 비율로 벌어진다고 해요. 2018년 에스원 범죄예방연구소가 발표한 자료에 따르면 1층보다 3층 이상에 도둑이 더 많이 들었다고 하니 어디서나 방심은 금물입니다.

사생활 침해도 자주 거론되는 단점 중 하나예요. 거리에 면한 1층은 밖에서 안이 들여다보일 뿐만 아니라 행인과 눈이 마주치기도 해요. 그렇다고 온종일 커튼을 치고 살 수도 없는 노릇인데요, 다행히 요즘은 다기능 방충망과 창에 부착하는 필름 등 사생활 보호용 제품들이 잘 나오고 있어요. 날벌레와 미세먼지, 빗물까지 차단이 가능하고, 밖에서는 내부가 잘 보이지 않지만 내부에서 밖을 볼 때는 꽤 선명한 시야를 확보할 수 있어 설치를 고려해 볼 만한 것 같아요.

1층 같지 않은 1층을 찾아보는 것도 단점을 극복할 수 있는 방법이에요. 필로티 구조로 사실상 2층 높이에 해당하는 집이나 지층이 있는 1층 집에 주목해 보세요. 현재 제가 사는 집은 반 층이 올라간 높이에서부터 1층이 시작되는 구조라 외부 시선을 신경 쓰지 않아도 되고, 창문 앞을 가로막는 건물이 없어서 채광이 풍부해요. 지층이 있어 바닥에서 올라오는 습기 문제도 없고요. 남들이 기피하는 1층이지만 저는 몇 년째 방 안으로 드리워지는 빛과 그림자가 좋아 모든 순간을 캡처하고 싶은 흥미로운 나날을 보내고 있습니다. 한번은 현관문을 열었는데 글쎄 그동안 본 적 없는 빛과 그림자가 눈앞에 펼쳐져 있는 거예요. 평소 신발이 가지런히 정리되어 있지 않으면 못 견디는 사람인데 신발을 허공에 냅다 벗어던지고 카메라부터 들이밀었어요.

집의 후보군을 결정할 때 1층이라고 무조건 제외하지 않는다면, 단점을 커버할 수 있는 방안이 있다면 1층은 저렴한 임대료로 거주할 수 있는 최적의 매물로 변신할지도 모릅니다. 아파트의 경우 건설사들이 계속해서 1층 특화 설계에 열을 올리고 있어요. 필로티 구조를 적용해 1층을 2~3층 높이에 지어 조망권을 확보하기도 하고, 모든 가스 배관을 옥내에 설치하거나 창문에 적외선 감지기를 설치해 보안을 강화하고 있습니다. 1층 천장 높이를 일반 아파트보다 높이는가 하면, 지하층을 활용해 2층짜리 단독주택에 사는 것과 같은 복층 평면을 선보이고 있어요. 다른 유형의 주거 평면에도 이런 새로운 시도들이 나타나기를 기대해 봅니다. 앞으로 구축 빌라들은 더욱더 수익성 개선을 위한 새로운 방법들을 모색해야 할 거예요. 거주 환경이 열악한 지층을 주거 용도가 아닌 1층 전용 창고로 변신시키거나 영화 감상실로 탈바꿈시키는 등 특색 있는 1층 공간을 만들어야겠죠. 어찌 보면 1층이야말로 가장 희소성 있는 층이 아닐까요? 제가 특별한 매력을 가진 1층 집에 살며 자부심을 느끼고 있는 것처럼요.

13

내 집을 특별한 집으로 만드는 법

가구 배치를 계속 바꾸는 이유

제가 살고 있는 집은 거실이 없는 큰방과 작은방, 주방, 화장실, 보일러실, 발코니로 구성된 2DK 구조예요. 제가 오기 전까지 주방과 마주하고 있는 큰방은 침실 겸 다이닝실로 사용됐어요. 작은방은 커다란 테이블과 책장만 두고 작업실로 사용됐고요. 저는 정식으로 집을 빌리기 전까지 작은방은 사용하지 않았어요. 큰방에서 모든 걸 해결했습니다. 잠도 자고 밥도 먹고 일도 했어요. 딱히 불편한 건 없었는데 구조를 바꾸고 싶은 욕망이 새록새록 생겨났어요. 옮기기 애매한 시스템 행거를 제외하고 더블 사이즈의 침대와 4인용 테이블, 장식장의 배치를 큰 방에서 참 여러 번 바꿨습니다. 어떤 날은 테이블이 창을 등지고 있고 또 어떤 날은 돌출창을 향해 있었어요. 누가 저를 봤다면 별반 달라지는 것 같지도 않은데 왜 가만히 있지 못하고 유난이냐고 말했을지도 몰라요.

어렸을 때 학교를 다녀오면 집의 구조가 바뀌어 있는 일이 꽤 자주 있었어요. 엄마는 도대체 어떻게 혼자서 저 무거운 피아노를 거실에서 방으로 옮기신 걸까, 힘들게 왜 혼자 가구 배치를 자주 바꾸시는 걸까 궁금했는데 이쯤 되면 모전여전인 것 같아요. 해본 사람만 아는 그 작은 즐거움을 찾아 쉬는 날이면 여전히 배치를 어떻게 바꿔볼까 공상을 하며 마음과 몸을 꼼지락거리고 있습니다. 공간의 쓰임새를 새롭게

거실로 쓰고 있는 큰방

하면 마음도 환기가 되거든요.

집을 정식으로 빌려 이 집에서의 '시즌 2'가 시작되었을 때 본격적인 짐 정리에 들어갔어요. 애지중지 사용하는 책상 하나만큼은 집에서 가져오고 싶었는데, 원래 있던 테이블을 따로 보관해 둘 곳이 없어 침대를 제외한 다른 가구들은 그대로 사용하기로 했어요. 물건을 새로 사는 것보다 기존 것들을 조합해 사용하는 걸 좋아하는 성격이기도 해서 집주인의 옷과 가방들만 박스에 담아 제주도로 보냈습니다. 나머지 필요 없는 소품들은 따로 분류해 수납함과 발코니에 보관하고 있어요. 오래 머물렀던 집이라 잔짐이 굉장히 많아서 정리하고 쓸고 닦는 데 꽤 오랜 시간이 걸렸어요. 그래도 서서히 제 물건들로 채워지는 공간을 볼 때마다 미소가 절로 지어졌습니다.

사실 제가 원하는 대로 집의 세팅이 끝났다고 해서 이 집이 정말 제 집이 된 것 같다는 느낌이 들지는 않았어요. 디퓨저 향으로는 덮을 수 없는 집집마다 가지고 있는 고유의 향기가 있는데 현관문을 열었을 때 제일 먼저 낯선 타인의 향기가 느껴졌기 때문이에요. 내가 이렇게 후각에 예민한 사람이었나 싶을 정도로 적응하기까지 시간이 좀 걸렸습니다. 이제는 현관에 들어오자마자 숨부터 깊게 들이마셔요. 그리고 내 집에 왔다는 안도감을 느낍니다.

침실

지금은 큰방을 거실 겸 작업실로 사용하고 작은방을 침실로 쓰고 있어요. 잠잘 때 이외에는 작은방에 들어갈 일이 없어 대부분의 시간을 큰방에서 보내요. 가장 애정하는 공간은 돌출창 앞 소파. 본래 여름을 제일 좋아하지만 짙은 녹색이 드리워지는 6월에서 10월 사이의 풍경을 특히 좋아합니다. 소파에 누워 창밖 풍경을 바라보고 있으면 더 바랄 게 없다는 생각이 들어요. 책을 보다가 이따금씩 창을 응시하는데 바람에 일렁이는 나뭇잎을 바라보는 것만으로도 제가 행복의 한가운데 있다는 서 있다는 걸 느껴요. 이 순간을 모르고 흘려보내지 않도록 시각뿐만 아니라 청각, 후각 등 모든 감각을 총동원해 순간에 집중합니다.

이 집에 살면서 깨달은 게 하나 있는데요, 공간에 관심과 애정이 생기면 자연스레 관찰로 이어진다는 사실입니다. 그렇게 계속 관찰하다 보면 호기심이 이는 때가 찾아오는데 한 번 호기심이 발동하면 계속된 관찰로 이어져요. 누가 강요하지 않아도 스스로 관찰을 지속하게 되는 거죠. 관심이 없는 사람에게는 매번 똑같은 공간처럼 느껴지지만 관찰자는 미묘한 차이를 금세 포착해 냅니다. 햇빛, 바람, 계절 등에 따라 시시각각 변화하는 공간의 카멜레온 같은 모습을요.

창밖

내 마음에 맞는 유일한 안식처

인상파 화가 중에 모네를 가장 좋아해요. 많은 화가들이 영감을 얻고자 새로운 피사체를 찾아 떠날 때 모네는 비가 오나 눈이 오나 똑같은 풍경을 계속 해서 관찰하며 그림을 그렸다고 해요. 남들에게는 매일 스쳐 지나는 똑같은 마을 풍경이었지만 관찰자였던 모네의 눈에는 색다르게 보였던 거죠. 해가 기울면서 달라지는 빛의 세기, 길게 늘어나는 그림자 하나 허투루 흘려보내지 않고 익숙하지만 다른 풍경을 거듭 캔버스에 담아냈습니다. 그래서 의미 없는 일상이 반복되는 느낌이 들 때 또는 뭔가 정체된 느낌이 들 때 모네의 『건초더미』 연작을 보면 일상을 사랑하는 법을 배우게 돼요.

저도 이 집에 살면서부터 모네 못지않게 빛과 그림자를 쫓느라 집에서 바삐 지내고 있습니다. 방에서 시작된 이 여행이 언제부턴가 계단실로 퍼져 나가더니, 건물과 거리로 그 범위가 점차 확장되고 있어요. 무언가를 이렇게 오래 관찰할 수 있는 사람인지 몰랐는데 스스로도 놀라는 중입니다. 아마도 이 집을 떠나기 전까지 새로운 것을 알아가는 발견의 여정은 계속되겠죠.

앞서 공간 감각을 키우기 위한 방법으로 관찰과 기록을 언급했었는데요, 관찰한 풍경을 모네는 그림으로 기록했다면 저는 인스타그램에 영상으로 기록하고 있어요. 제가 자주 머무르는 공간에서 다시 느낄 수 없는 순간들을 포착한 영상들로 피드를 채워나가고 있습니다. 파브르의 『곤충기』처럼 문학적 감성이 묻어나는 섬세한 관찰 일기는 아니지만, 영상을 찍으며 '연구자는 계절, 날짜, 시간, 심지어 순간의 노예'라는 파브르의 말을 조금은 이해하게 됐어요. 변하는 건 사람일 뿐 집은 한결같은 모습으로 온기를 채워줄 사람을 기다리고 있을 거라 생각했는데 그건 큰 착각이었어요. 온몸의 감각을 곧추세우고 보니 창밖 풍경도, 소리도, 방 안의 명암도, 냄새도, 분위기도 계절과 날짜, 시간에 따라 모두 달랐어요. 그걸 깨닫게 되자 어느 한순간도 놓치고 싶지 않은 마음이 일었습니다. 모네와 마찬가지로 파브르가 스스로 순간의 노예를 자처하게 된 것도 그래서가 아니었을까요?

제가 앞으로도 지금처럼 계속 1인 가구의 삶을 살아갈지 모르겠지만 2인 가구가 된다면 함께 살 사람과 집에 대한 이야기를 한참 동안 나누고 싶어요. 부부가 집을 보러 오는 경우 흔히들 '집은 여자 마음에 들어야 한다, 결정권은 아내에게 있다'고 이야기해요. 집에서 가장 많은 시간을 보내는 사람이 아내여서, 혹은 남편은 집에 대해 잘 모른다는 이유로 한 사람에게 집에 대한 결정을 위임하는 거예요. 그런데 저는 하루가 시작되고 끝나는 집이라는 공간은 둘 모두에게 좋은 공간이어야 한다고 생각해요. 그래서 서로 이전에 살아봤던 집에 대한 기억을 나누고, 현재 살고 있는 집에 대한 감정을 이야기하고, 앞으로 살고 싶은 집에 대한 꿈을 맞춰볼 계획입니다.

저에게 집은, 쓸모 있는 인간처럼 보이기 위해 애면글면할 필요가 없는 유일한 안식처예요. 제가 누구보다 제일 잘 아는 공간이자 아무도 침범할 수 없는, 내 맘대로 할 수 있는 자유가 보장되는 저만의 왕국입니다. 때로는 지친 마음을 돌봐주는 병원이자 방전된 에너지를 충전하는 충전소이기도 해요. 만약 여행을 갔는데 집이 그립고 돌아가고 싶은 생각이 든다면 좋은 집에 살고 있다는 방증 아닐까요? 모두가 여행지에서 집으로 돌아왔을 때 '역시 집이 최고야'를 외치게 되길 바라봅니다.

부록. 나다운 집 찾기 체크리스트

집에 대한 생각

- □ 지금 어떤 집에 살고 있나요?
- □ 몇 번째 집에 살고 있나요? 거쳐왔던 집들의 리스트(가계도)를 작성해 보세요.
- □ 왜 이사하시나요(하고 싶나요)?
- □ 집을 떠나 있을 때 집의 무엇이 가장 생각나세요?

라이프스타일

- □ 평일과 주말의 루틴을 떠올려 보세요.
- □ 집에서 보내는 시간엔 주로 무얼 하나요?
- □ 집에서 하는 가장 즐거운 일은 무엇인가요?
- □ 내 라이프스타일을 정의해 보세요.
  (예. 은둔형 집순이, 집 안팎을 넘나드는 취미 부자)

가치관

- □ 내 공간에 대한 로망이 있나요?
- □ 어떤 집에 살고 싶으세요?
- □ 나의 취향, 내가 원하는 삶의 모양은 무엇인가요?
- □ 획일화된 주거 공간을 역전시킨 경험이 있나요?
  (예. 거실을 방으로, 방을 거실로 사용)
- □ 위안을 받는 나만의 공간이 있나요?
  그 공간이 좋은 이유가 무엇인가요?

동네

- ◻ 어떤 동네에 살고 싶으세요?
- ◻ 지금 집을 구한다면 어린 시절을 보낸 집(동네)의 어떤 부분을 가져오고 싶으세요?
- ◻ 3가지 차원의 동네와 그 동네 하면 떠오르는 단어를 나열해 보세요.
  — 우리 집이 있는 동네
  — 일터가 있는 동네
  — 살지 않고, 일하지 않지만 내가 내켜서 찾아가는 동네
- ◻ 집으로 가는 길에 자주 두리번거리게 되는 상점이나 공간이 있나요?

우선순위 정하기

'살기 좋은 동네'를 만드는 조건들이에요. 내가 생각했을 때 살기 좋은 동네를 만드는 요소를 골라 보세요. 필요하다면 나만의 요소를 추가해도 좋습니다.

이웃	대로	카페	우체국	도서관	편의점
공원	골목	식당	경찰서	공연장	술집
산	자전거	서점	소방서	미술관	세탁소
하천	주차장	꽃집	은행	영화관	빨래방
바다	지하철역	빵집	학교	스포츠 센터	세탁소
강	버스	떡집	어린이집	백화점	종교시설
텃밭	유명한 거리	반찬 가게	병원	대형 마트	재래시장
산책로	운동장	목욕탕	동물병원	나만의 요소	

집을 볼 때 사람들이 가장 많이 고려하는 요소는 다음과 같습니다. 필요하다면 나만의 요소를 추가해 보세요.

면적	방향	천장고	대중교통
방범/방음	단열	수납	전망
층	동네	구조	건축 연도
외부 공간	반려동물	환기	나만의 요소

① '동네'와 '집'의 여러 요소들 중 원하는 조건 중 다섯 개만 골라, 1위부터 5위까지 순위를 매겨 보세요.

② 그중 1~3위만 생각하세요. 모든 조건을 만족하는 집을 찾기보다는 선택과 집중이 필요합니다.

나다운 집 찾기

전명희 지음

초판 1쇄 발행 2024년 7월 15일

초판 2쇄 발행 2024년 9월 2일

발행, 편집 파이퍼 프레스

디자인 위앤드

파이퍼

서울시 마포구 신촌로2길 19, 3층

전화 070-7500-6563

이메일 team@piper.so

논픽션 플랫폼 파이퍼

piper.so

ISBN 979-11-985935-7-3 03540